云南省现代农业产业技术体系建设成果
国家重点研发计划"马铃薯化肥农药减施技术
集成研究与示范"项目建设成果

马铃薯病害

杨艳丽　刘　霞　主编

科学出版社
北　京

内 容 简 介

本书是云南省现代农业马铃薯产业技术体系和国家重点研发计划"马铃薯化肥农药减施技术集成研究与示范"项目建设成果,主要介绍目前马铃薯生产上发生和危害较重的病害。全书共分五章,第一章马铃薯真菌及卵菌病害,介绍了马铃薯晚疫病、粉痂病、早疫病、黑痣病和茎溃疡病、枯萎病和干腐病、炭疽病;第二章马铃薯原核生物病害,介绍了马铃薯青枯病、环腐病、黑胫病、疮痂病和马铃薯植原体病害;第三章马铃薯病毒病害;第四章马铃薯线虫病害,主要介绍了马铃薯腐烂茎线虫和根结线虫病害;第五章马铃薯缺素病害,介绍了缺乏大量元素和微量元素导致的病害。

本书内容丰富,结合相关研究进展,概述了病害发生、危害、症状、病原、发生条件和防控措施,具有较强实用性和可操作性,可供生产技术人员和涉农院校相关专业的教师、学生参阅。

图书在版编目(CIP)数据

马铃薯病害 / 杨艳丽,刘霞主编. —北京:科学出版社,2019.12
(云南省现代农业产业技术体系建设成果·国家重点研发计划"马铃薯化肥农药减施技术集成研究与示范"项目建设成果)
ISBN 978-7-03-062909-8

Ⅰ. ①马… Ⅱ. ①杨… ②刘… Ⅲ. ①马铃薯-病害-防治
Ⅳ. ① S435.32

中国版本图书馆 CIP 数据核字(2019)第 245332 号

责任编辑:刘 畅 / 责任校对:严 娜
责任印制:赵 博 / 封面设计:迷底书装

科学出版社 出版

北京东黄城根北街 16 号
邮政编码:100717
http://www.sciencep.com

北京市金木堂数码科技有限公司印刷
科学出版社发行 各地新华书店经销

*

2019 年 12 月第 一 版 开本:720×1000 B5
2025 年 4 月第四次印刷 印张:6 1/2
字数:131 000

定价:59.00 元
(如有印装质量问题,我社负责调换)

前　言

　　云南省于 2009 年建立了云南省现代农业马铃薯产业技术体系。体系设置技术研发中心，下设育种研究室、病虫害防控研究室、栽培研究室和产业经济研究室；在各主要马铃薯生产州、市、县设置试验站。该产业技术体系聘请云南农业大学植物保护学院杨艳丽教授任首席科学家；依托云南农业大学和云南省农业科学院设立研发中心，聘请了 6 位岗位专家；依托云南农业职业技术学院、曲靖市农业科学院等州、市、县农科院、农科所、农技推广中心设立 14 个试验站；依托云南英茂集团大理种业建设创新示范基地，研究团队 130 余人。2018年国家科技部启动重点研发计划"马铃薯化肥农药减施技术集成研究与示范"项目，由中国农业科学院蔬菜花卉研究所牵头，全国从事马铃薯科研和技术推广相关的 57 家科研院所、高校和企业 80 人参与项目实施。云南农业大学杨艳丽团队作为课题 8 依托建设单位参加到了"双减"工作中。体系的前瞻性研究为"双减"奠定了坚实的基础。

　　本书以云南省现代农业马铃薯产业技术体系建设成果为主，是体系团队成员辛勤工作、共同奋斗的智慧结晶。全书共分五章，第一章马铃薯真菌及卵菌病害，介绍了马铃薯晚疫病、粉痂病、早疫病、黑痣病和茎溃疡病、枯萎病和干腐病、炭疽病；第二章马铃薯原核生物病害，介绍了马铃薯青枯病、环腐病、黑胫病、疮痂病和马铃薯植原体病害；第三章马铃薯病毒病害；第四章马铃薯线虫病害，主要介绍了马铃薯腐烂茎线虫和根结线虫病害；第五章马铃薯缺素病害，介绍了缺乏大量元素和微量元素导致的病害。结合相关研究进展，图文并茂概述了病害发生、危害、症状、病原、发生条件和防控措施，具有较强实用性和可操作性，可供生产技术人员和涉农院校相关专业的教师、学生参阅。

　　本书的编写，由云南农业大学杨艳丽主笔，刘霞负责粉痂病内容准备和全书协调工作；黄琼、黄勋负责第一章细菌病害和疮痂病内容准备和编写工作；董家红和张仲恺负责第二章植原体病害和第三章内容准备和编写工作；胡先奇、林知许负责第四章内容准备；樊明寿、于静、陈晴晴和马田芝负责第五章内容准备和编写；赵彬同学负责文字处理工作；云南省农业农村厅相关领导对本书的编写提出建设性建议；云南省财政厅和国家重点研发计划给予经费保障。在此，表示衷心的感谢。

　　本书内容皆是团队成员的工作结晶，涉及面有限，书中难免存在疏漏之处，望同行专家和读者批评指正。

杨艳丽

2019 年 7 月

目　　录

导　言

　　植物因受到不良条件或有害生物的影响和袭击，超过了植物的忍受限度，而不能保持正常生长，植物的局部或整体的生理活动和生长发育出现异常，称为植物病害。植物病害发生受植物自身遗传因子异常、不良环境条件、病原生物和人为因子的影响，常将植物病害划分为侵染性病害和非侵染性病害。由生物病原物引起的病害称为侵染性病害，侵染性病害按病原生物种类不同，还可以进一步分为：由真菌侵染引起的真菌病害，如马铃薯早疫病；由原核生物侵染引起的细菌病害，如马铃薯青枯病；由病毒侵染引起的病毒病害，如马铃薯花叶病；由寄生性种子植物侵染引起的寄生植物病害，如菟丝子；由线虫侵染引起的线虫病害，如马铃薯根结线虫病；由原生动物侵染引起的原生动物病害，如椰子心腐病等。由不适宜的环境因素引起的植物病害称为非侵染性病害。按病因不同，还可分为：①植物自身遗传因子或先天性缺陷引起的遗传性病害或生理病害；②物理因素恶化所致病害，如大气温度的过高或过低引起的灼伤与冻害；大气物理现象造成的伤害，如风、雨、雷电、雹害等；大气与土壤水分和温度的过多与过少，如旱、涝、渍害等。③化学因素恶化所致病害，肥料元素供应的过多或不足，如缺素症；大气或土壤中有毒物质的污染与毒害；农药及化学制品使用不当造成的药害等。

　　马铃薯是重要的栽培作物，其生长过程中常常遭到有害生物的危害导致病害发生，对马铃薯生产影响较大的病原菌主要有卵菌及真菌、病毒、细菌和线虫。全世界报道的马铃薯病害有近100种，在我国危害较重，造成损失较大的有15种，主要有马铃薯晚疫病、马铃薯早疫病、马铃薯粉痂病、马铃薯枯萎病、马铃薯黑痣病、马铃薯X病毒病、马铃薯Y病毒病、马铃薯卷叶病毒病、马铃薯S病毒病、马铃薯纺锤块茎类病毒、马铃薯青枯病、马铃薯环腐病、马铃薯黑胫病、马铃薯根结线虫病等。近年来由植原体引起的马铃薯病害在一些产区有所发生，造成危害；营养元素的缺失和过多也影响到了马铃薯生产。

　　本书以下章节将分门别类对马铃薯常见主要病害加以介绍。

第一章　马铃薯真菌及卵菌病害

由植物病原真菌（含卵菌）引起的病害，约占植物病害的70%～80%。一种作物上可发生几种甚至几十种真菌（含卵菌）病害。马铃薯真菌及卵菌病病害主要有晚疫病、粉痂病、早疫病、黄萎病、枯萎病、干腐病、黑痣病、炭疽病、灰霉病、叶斑病等10余种。本章主要介绍以下几种。

第一节　马铃薯晚疫病

马铃薯晚疫病由卵菌纲致病疫霉 [*Phytophthora infestans*（Mont.）de Bary] 引起。1845年Montogne首次在世界上描述了马铃薯晚疫病。1876年De Bary将马铃薯晚疫病的病原物定名为 [*Phytophthora infestans*（Mont.）de Bary]。晚疫病是马铃薯的毁灭性病害，一般年份可减产10%～20%，发病重的年份可减产50%～70%，甚至绝收。19世纪中叶，马铃薯晚疫病的大流行造成"爱尔兰大饥荒"，因饥饿死亡的爱尔兰人有一百多万，还有一百多万人移民他乡。1950年马铃薯晚疫病在我国的大爆发使得"晋、察、绥"主要产区薯块损失达50%，随后几年在黑龙江、内蒙古、甘肃等省流行。20世纪90年代后，晚疫病在我国马铃薯主产区普遍发生，危害呈上升趋势。1997年仅重庆万州移民开发区马铃薯晚疫病发病面积就达6.87万公顷，直接经济损失达1.5亿人民币。据全球晚疫病协作网（Global Initiative On Late Blight，GILB）2004年统计，仅在发展中国家晚疫病所造成的马铃薯的经济损失高达32.5亿美元，并且种植过程中使用的杀菌剂的花费亦高达7.5亿美元。

据全国农业技术推广服务中心黄冲和刘万才2016年报道，2008～2014年间我国马铃薯平均种植面积537.34万 hm^2，马铃薯晚疫病发生面积为154.94万～265.15万 hm^2，年均发生205.46万 hm^2，发生面积占种植面积的30.9%～47.2%，平均37.84%。从发生年份上看，2012年和2013年分别是马铃薯晚疫病在全国范围内的大发生年（5级）和偏重发生年（4级），全国发生面积均超过200万 hm^2，占种植面积的比例分别达47.2%和45.7%。其中，2012年是马铃薯晚疫病发生最重的一年，其在北方产区大流行，在南方产区偏重发生，全国发生265.2万 hm^2，实际损失近300万t，甘肃、湖北等省发生面积超过种植面积的80%，病株率达60%～100%，重发田块出现大面积枯死现象，损失严重。从马铃薯产区看，

2008～2014 年马铃薯晚疫病发生面积占种植面积的比例依次为东北＞西北＞西南＞中原＞南方马铃薯产区。东北和西北产区因受气候因素影响较大发生比较普遍，特别是气候条件适宜的 2012 年和 2013 年，马铃薯晚疫病偏重至大发生，发生面积占种植面积的 50% 以上，而气候不适宜的 2008～2011 年则偏轻至中等发生。西南、中原部分地区常年田间湿度较大，贵州、重庆及湖北、湖南等地马铃薯晚疫病常年发生较重，西南地区发生面积约占种植面积的 1/3，湖北、湖南等省超过 45%。2008～2014 年因马铃薯晚疫病造成的实际损失折粮为 43.99 万 t，因防治挽回损失折粮 90.49 万 t，平均 170kg/hm^2。

一、症状

　　晚疫病菌能侵染马铃薯全株，叶、叶柄、茎及块茎均能被危害。叶片染病在侵染点处出现水浸状绿褐色斑点，病斑周围偶有浅绿色晕圈，湿度大时病斑迅速扩大，呈褐色，在叶背形成白霉（孢囊梗和孢子囊），干燥时病斑变褐干枯，质脆易裂，不见白霉，且扩展速度减慢。茎部或叶柄染病出现黑色或褐色条斑，茎秆经常从病斑处折断。发病严重的叶片萎垂、卷缩，终致全株黑腐，散发出腐败气味，全田一片枯焦。块茎染病初生褐色小病斑，稍凹陷，病部皮下薯肉亦呈褐色，慢慢向四周扩大腐烂（图 1-1）。

二、病原

1. 病原菌分类地位

　　采用 Cavalier-Smith（1988～1989 年）的生物八界系统，基本按照《菌物词典》第八版（1995）和第九版（2001）的方法，将菌物划分到原生动物界、假菌界和真菌界。致病疫霉 [Phytophthora infestans（Mont.）de Bary]，属假菌界、卵菌门、卵菌纲、霜霉目、腐霉科、疫霉属、致病疫霉。

2. 病原菌生殖特性

　　该菌菌丝无色，无隔膜，菌丝体在寄主细胞的间隙中扩展，从寄主细胞内吸取营养，具有无性生殖和有性生殖特性。无性繁殖产生孢囊梗和孢子囊。孢囊梗形成于菌丝体上，2 或 3 根成丛，从寄主的茎、叶的气孔，块茎的皮孔伸出。孢囊梗形状细长，合轴分枝，顶端膨大产生孢子囊。孢子囊柠檬形，顶部有乳状突起。孢子囊顶生，成熟后被推向一侧，孢囊梗则继续伸长，在顶端继续形成新的孢子囊。孢子囊成熟脱落，留下孢痕呈节状，孢囊梗成为节状，各节基部膨大而顶端较细，称为"缢缩现象"，是致病疫霉菌所特有。孢子囊形成的温

图 1-1　马铃薯晚疫病发生症状

度为：7～25℃，游动孢子形成的适温为 10～13℃，孢子囊直接萌发的温度为4～30℃，15℃以上较适宜，菌丝在 13～30℃均能生长（图 1-2）。有性生殖产生卵孢子，先产生藏卵器，藏卵器穿过雄器（穿雄生殖），雄器包在藏卵器的柄上，遗传物质进行交换（交配），交配完成后雄器消解形成一个圆形的卵孢子。条件适宜时卵孢子直接萌发形成新的菌落（图 1-3）。

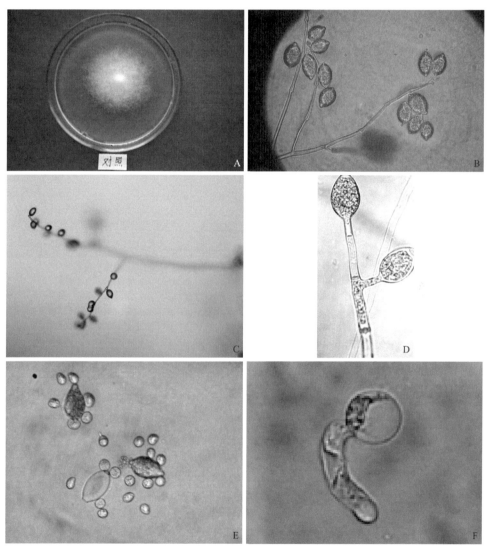

图 1-2　马铃薯晚疫病菌无性世代

A. 晚疫病菌菌落；B. 孢子囊梗 "缢缩现象"；C～E. 孢子囊和游动孢子；
F. 游动孢子萌发

扫一扫看彩图

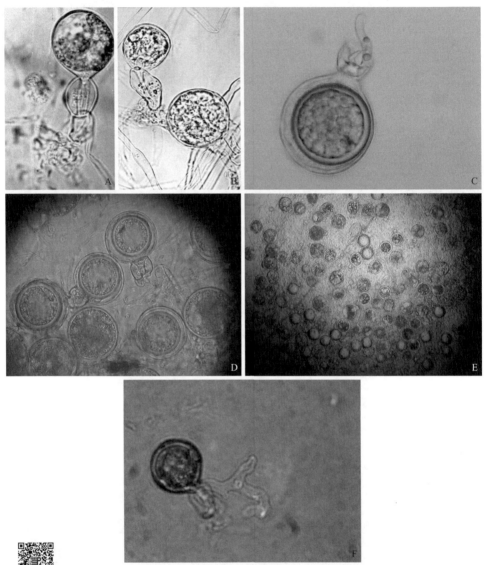

图 1-3　马铃薯晚疫病菌有性世代

A、B. 藏卵器穿雄生殖；C～E. 卵孢子；F. 卵孢子萌发

3. 病原菌生理小种及变化

同种、变种、专化型内的病原物的不同群体在形态上无差别，在生理特性、培养性状、生化特性、致病性等方面存在差异的群体称为生理小种。采用 Black 1953 年"致病疫霉生理小种的国际命名方案"，用含有 11 个不同抗病基因的品种作鉴别寄主测定生理小种。

云南马铃薯晚疫病菌生理小种组成复杂多变。2001 年杨艳丽等报道了云南省的马铃薯晚疫病菌生理小种的组成及分布情况,采用离体叶片测定法测定来自 12 个县市的马铃薯晚疫病菌株共 41 个,鉴定出 4 个生理小种,分别是 0 号、3 号、4 号、3.4 号。其中 3 号小种分布在丽江等 8 个县市,占被测菌株的 39.02%;0 号小种分布在昭通等 8 个市县,占被测菌株的 31.70%;3.4 号生理小种占 21.95%,分布在昆明等 3 个县市;4 号小种占 7.33%,分布在昆明地区。当时云南省马铃薯晚疫病菌生理小种主要以 3 号小种和 0 号小种为主。2003~2005 年,李灿辉等测定了来自云南省冬作区德宏傣族景颇族自治州(下文简称德宏州)的晚疫病菌株 66 个,结果显示:德宏州的生理小种组成非常复杂,所测定的 66 个菌株可区分出 36 个生理小种,其中,出现频率最高的小种为 1.2.3.4.5.6.7.8.9.10.11,占被测菌株的 18.18%,在潞西县和盈江县均有分布。2007 年杨艳丽等用 11 个分别含有单抗性基因 R1、R2、…、R11 及其不同组合的复合基因鉴别寄主,对 2003~2005 年采自云南省春作区 9 个县市 26 个采集点的 117 个马铃薯晚疫病菌株和 5 个番茄晚疫病菌株进行了生理小种鉴定。结果共鉴定出 27 个生理小种,其中优势小种为 3.4.6.8.10.11,占所测菌株的 28.69%,主要分布在寻甸、丽江、昆明;其次是小种 3.4.10,发生频率为 13.11%,主要分布在镇雄;最后是小种 3.10,其发生频率为 10.66%。2010 年王自然等对来自云南省春作区的 186 个菌株进行生理小种测定,186 个菌株中有 100 个生理小种类型,优势小种为 1.2.3.4.5.6.7.8.9.10.11,发生频率是 22.1%。2012 年杨丽娜等报道,利用 11 个含有不同单显性抗马铃薯晚疫病的鉴别寄主,对云南省会泽县同一村马铃薯晚疫病发病田块前、中、后期 3 个群体的马铃薯晚疫病菌 59、158 和 75 个菌株进行小种鉴定,分别鉴定出 31、60 和 30 个小种,大部分小种只检测到一次,其中优势小种为含有 11 个毒性基因的小种,占整个群体的 53.33%;随着发病时间的推移,优势小种频率、小种复杂度呈上升趋势,但小种多样性呈降低趋势。因此,近 10 年云南的马铃薯晚疫病菌的生理小种发生了改变,致病基因型在继续增加,致病基因有 11 个,分布在不同的马铃薯产区。

贵州省马铃薯晚疫病菌生理小种已呈多样性和复杂化的趋势。2015 年杨胜先等报道,利用一套含有 11 个主效基因的鉴别寄主,对 2013~2014 年从贵州省 13 个马铃薯主产县(市、区)采集得到的 260 个马铃薯晚疫病菌菌株进行生理小种鉴定,从 260 个马铃薯晚疫病菌菌株中共鉴定获得 16 个生理小种,其中 2.5.6.8.9.11 号小种出现频率最高,发生频率为 26.5%,主要分布在威宁县、黔西县、赫章县、大方县、七星关区、盘县、安顺市和遵义县;其次是 2.5.6.8 号小种，发生频率为 20.8%，主要分布在遵义县、安顺市、黔西县和大方县。

甘肃省内马铃薯晚疫病菌多样性较丰富。李微于 2012～2014 年在黑龙江省马铃薯主产区共分离了 151 株马铃薯晚疫病菌，利用 12 个鉴别寄主鉴定了黑龙江省分离的 60 株马铃薯晚疫病菌的生理小种。结果表明所测定的菌株中共鉴定了 16 个生理小种，其中出现频率最高的生理小种为 1.2.3.4.5.6.7.9.10.11，出现频率为 26.7%。该生理小种为黑龙江省优势生理小种。

成兰芳以在甘肃马铃薯主产区采集的 63 份马铃薯晚疫病菌为材料，对其生理小种类型及 EST-SSR 引物扩增试验进行多样性分析进行研究，最后结合分子生物学鉴定和传统鉴定得出，对甘肃省主产区采集的 63 个晚疫病菌株含 16 个生理小种，主要有：1.3.4.5.6.7.8.10.11，1.4.5.6.7.8.10.11，1.4.6.7.10.11，1.3.4.5.6.7.11，1.4.6.7.11，1.4.6.7.10，1.3.4.6.7，1.3.4.11，1.4.6.7，1.4.7.11，4.6.7.11，3.4.6.7，4.7.11，1.3.4，1.4，4。

综上，中国马铃薯主产区的云南、贵州、甘肃马铃薯晚疫病菌的生理小种组成复杂，含有的致病基因较多，变化较大，给病害防控和抗病品种选育工作带来挑战。

4. 病原菌交配型及变化

致病疫霉菌是异宗配合卵菌，有 A_1 和 A_2 两种交配型，当只有一种交配型存在时，晚疫病菌进行无性繁殖，产生孢子囊，通过孢子囊直接萌发和游动孢子萌发侵染寄主植物。Niederhauser、Gallegly、Galindo 和 Smoot 等先后报道，在墨西哥中部地区发现致病疫霉菌有两种交配型，只有这两种交配型同时存在并接触才能发生有性繁殖，后来他们用 A_1 和 A_2 表示这两种不同遗传性状的株系，A_1 表示无性繁殖的群体，A_2 表示与 A_1 亲和进行有性繁殖的株系。当 A_1 和 A_2 两种交配型同时存在时，产生卵孢子。$A_1 + A_2$ 进行有性生殖产生卵孢子，卵孢子的抗逆性更强，可以在土壤中越冬；卵孢子发育形成的后代与 A_1 的无性繁殖后代有不同的基因型，称为"新群体"。在自然界如果有 A_2 的存在，就会发生新旧群体演替的现象，新群体逐渐替代旧群体。新群体的线粒体单倍型为 II A 或 II B（旧群体为 I A 或 I B），Gpi90/100，Pep96/100（旧群体为：Gpi86/100，Pep92/100）（CIP，1997）；适应性较强，易形成新的生理小种，侵染不同的品种；抗药性较强（对本酰胺类杀菌剂如甲霜灵等易形成抗药性菌株），对马铃薯和番茄的危害性更严重。1984 年 Hohl 等在瑞士发现 A_2 交配型，之后欧洲、美洲、亚洲、非洲的许多国家都先后报道发现 A_2 交配型。我国于 1996 年首次由张志铭等报道在山西、内蒙古等地发现了晚疫病菌 A_2 交配型。

如今 A_2 交配型已经在我国云南、四川、河北、重庆、山西、内蒙古等省、自治区普遍存在。1999 年赵志坚等报道在云南省发现 A_2 交配型，在 47 个被测菌株中发现 10 个 A_2 交配型菌株，出现频率为 21.3%；云南农业大学研究团队从 1998 年开始监测 A_2 交配型菌株，直至 2000 年 11 月才测到 3 个 A_2 交配型菌株，其中 2 株采自陆良县的眉毛山，1 株采自该县的薛官堡。2007 年从采自云南省马铃薯产区 9 个种植地的 228 个菌株中，检测出 A_2 交配型菌株 2 株。因此，说明 A_2 交配型菌株在云南已经定植。2012 年至 2013 年间，缪云琴从云南省马铃薯主产区采样并分离得到 248 株晚疫病菌株，分别用对峙培养和分子标记对 168 个菌株进行了交配型测定，其中 91 株为 A_2 交配型，占供试菌株的 54%。A_2 交配型已经适应云南气候并扩展。郭梅对 2005～2012 年间采集自黑龙江省哈尔滨、望奎、漠河、塔河、呼玛、加格达奇、嫩江、克山、甘南、鹤岗、肇东、林口 12 个市县的 133 个马铃薯晚疫病菌株进行了交配型鉴定。结果表明，采集自 2005～2010 年间的 51 个菌株均为 A_1 交配型，未发现 A_2 交配型；采集自 2011 年的 52 个菌株中 12 个为 A_2 交配型，占 23.08%；2012 年鉴定的 30 个菌株中 9 个为 A_2 交配型，占 30%。这是自 2004 年朱杰华报道发现一株 A_2 交配型六年后，黑龙江省首次确认在甘南、哈尔滨、肇东发现马铃薯晚疫病菌 A_2 交配型。李微 2013 年分离的晚疫病菌中发现了 A_1、A_2 与自育型三种交配型，它们的分离频率分别是 60.4%、11.0% 和 28.6%。2014 年同时发现了 A_1、A_2 和自育型三种交配型，它们的分离频率分别为 70.0%、12.5% 和 17.5%。杨芮等报道，采用对峙培养的方法对 2010～2012 年采集自贵州省和云南省的马铃薯晚疫病病菌菌株进行了交配型测定，并采用 MTT 染色法和隔膜培养法研究马铃薯晚疫病病菌自育型菌株的卵孢子生物学特性。结果表明：在被测菌株中，自育型为优势菌株，比例高达 91%，云南省和贵州省间并没有显著性差异；贵州省和云南省 2 个群体的致病疫霉菌卵孢子平均活性率均随培养时间的增加而下降；同时自育型菌株更容易诱导 A_1 交配型产生卵孢子。李继平利用已知的 A_1、A_2 交配型标准菌株，对 147 个来自甘肃省的马铃薯晚疫病菌株的交配型进行了测定，发现甘肃省马铃薯晚疫病菌交配型有 A_1、A_2、A_1A_2、SF（自育型）4 类，分别占被测菌株的 66.2%、20.4%、2.1%、16.3%。杨继峰 2008 年从内蒙古西部马铃薯主产区分离得到 94 个马铃薯晚疫病菌，并对其交配型进行测定，在 94 个菌株中，82 株为 A_1 交配型，占被测菌株的 87.2%；8 株为 A_2 交配型，占被测菌株的 8.5%；4 株为 A_1A_2 交配型，占被测菌株的 4.3%；13 株为自育型，占被测菌株的 13.8%。其中，A_2 交配在内蒙古西部马铃薯产区均被发现。综上，马铃薯生产区存在 A_2 交配型，有交配产生和自育产生。

5. 病原菌初侵染来源

主要的初侵染来源是带菌的种薯（图 1-4），病残体、土壤中的卵孢子和发病的番茄是次要的病原菌来源。

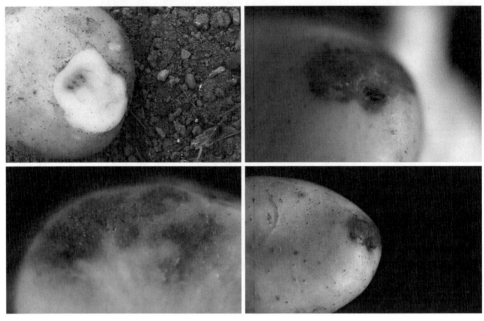

扫一扫看彩图

图 1-4　携带马铃薯晚疫病菌的种薯

三、发病条件

马铃薯晚疫病菌主要通过风、雨水、土壤和种薯传播。致病疫霉菌通过马铃薯的伤口、皮孔、芽眼外面的鳞片或表皮侵入到马铃薯体内，靠近地面的块茎被土中残留或随雨水迁移的孢子囊和游动孢子侵染。在块茎内晚疫病菌以菌丝形态越冬，次年随幼芽生长，侵入茎叶。能通过土壤水分的扩散作用而移动，也会随起垄、耕作等田间农事活动移至地表，遇雨水溅到植株下部叶片上，侵入叶片形成中心病株。之后，中心病株上形成的孢子囊通过空气传播或落到地面随雨水灌溉进行扩散，病害逐渐传开（图 1-5）。晚疫病的发生分三个阶段。①中心病株出现阶段：现蕾期前就能出现。②普遍蔓延阶段：叶斑面积不超过叶片总面积的 1%，从明显的发病中心到普遍蔓延大约 10 天。③严重发病阶段：马铃薯从发病到全面枯死的时间因环境条件而异，一般为 15~30 天。病害的发生受气候条件，品种抗病性和栽培水平影响。

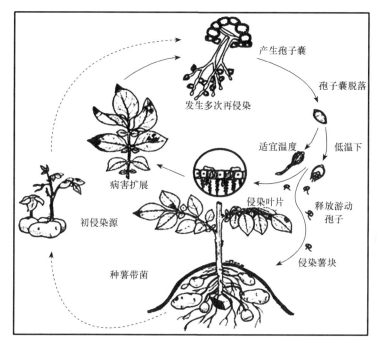

产生孢子囊

孢子囊脱落

发生多次再侵染

适宜温度

低温下

病害扩展

侵染叶片

释放游动孢子

初侵染源

侵染薯块

种薯带菌

图 1-5　马铃薯晚疫病大田病害发生循环（引自 Georgen. Agrios，Plantpathology，2004）

1. 气候条件

马铃薯晚疫病是典型的流行性病害。气候条件与该病的发生及流行密切相关，其中温度和湿度最为重要。温度主要影响孢子的萌发速度。在低温高湿条件下孢子囊分裂形成 4～6 个游动孢子，游动孢子通过表皮或气孔侵入寄主，菌丝则在寄主细胞间蔓延。当温度在 11～13℃，孢子囊萌发产生游动孢子，3～5h 即可侵入，当温度高于 15℃时产生芽管，5～10h 才能侵入，在 20～23℃时蔓延最快。孢子囊借风雨传播，可再次侵染寄主，在生产季节中病原菌可重复侵染多代，每次再侵染的潜伏期一般是 3～4d。晚疫病的发生流行与马铃薯的生长期也有较大关系，每年 6、7 月份，马铃薯处于现蕾期至盛花期，马铃薯由营养生长进入生殖生长阶段，地下块茎迅速膨大，基部叶片开始衰老，又恰逢阴雨连绵期，适于晚疫病菌的侵染和传播，易发晚疫病。

2. 品种抗性减弱

种植感病品种是病害发生的主要原因之一，单一品种长期种植，且合格种薯使用率低，种植多年后抗病性减弱，造成晚疫病逐年加重，加上贮藏、选种不严格使病原菌传播加快，导致晚疫病爆发流行。如'米拉'原为抗马铃薯晚疫病品种，长年种植后种性退化，抗病力降低，随病原菌生理小种变化变成了感病品种。

3. 栽培管理不当

马铃薯种植在地势低洼、排水不良、土壤板结、偏施氮肥的田块中易受病原菌的侵染。研究表明，栽培措施不当会加重晚疫病的发生，没有及时发现并消灭中心病株、低洼地块未及时排水、耕作不合理等均会引起马铃薯晚疫病的发生。种植结构不合理，如缺少有效的隔离，感病品种与抗病品种、种薯与商品薯、早熟品种与晚熟品种临近种植都会增大晚疫病的发生概率。

四、防治措施

马铃薯晚疫病是世界性的植物流行性病害，其危害严重，防治困难，因此，马铃薯晚疫病的防治措施遵循"预防为主，综合防控，统防统治"的原则。

1. 抗病育种

使用抗病品种是最经济有效的措施。马铃薯对晚疫病的抗病性有两种类型：一种为小种专化抗性，或称垂直抗性，另一种为非小种专化抗性，又称为田间抗性或水平抗性，垂直抗性是由主效 R 基因控制的，田间抗性则由多基因控制。晚疫病菌极易发生变异，特别是 A_2 交配型出现以后，垂直抗性品种容易"丧失"抗性。具有水平抗性的品种，抗病性比较稳定。在生产上，应根据晚疫病的流行程度，选用抗病品种，特别是水平抗性品种。

2. 建立无病留种地，消灭初侵染来源，生产和使用健康种薯

由于病薯是主要的初侵染来源，建立无病留种地，可以减少初期菌源。使用合格的种薯减少带菌种薯流入大田，可以降低中心病株发生率。

3. 使用预警系统

从国内外马铃薯晚疫病预警技术发展的历史来看，大体经历了三个阶段，第一阶段是基于一定气象条件规则的人工预警方法；第二阶段是基于预测模型的电算预警技术；第三阶段是基于田间病害监测和信息技术的预警系统。

目前基于田间病害监测和网络技术的马铃薯晚疫病预警系统（有的称作决策支持系统：decision support system，DSS）在世界各地特别是欧洲发达国家建立，并且成为该领域当今发展趋势的主流。目前服务于生产的马铃薯晚疫

病预警系统主要有 Fight Against Blight（英国，www.potato.org.uk/blight,www.blightwatch.co.uk），Phyto PRE＋2000（瑞士，www.phytopre.ch），Pl@nte Info（丹麦，http://planteinfo.dk/Blight Mgmt/Blight Mgmt.asp），Phytophthora model Weihenstephan（德国，http://www.syn-genta-agro.de/de/regio/service/phyto/content/navi/normal/ph0.shtm），MILEOS（法国，www.mileos.fr）和 China-blight（中国，www.china-blight.net）。这些系统的结构和功能基本相近，主要包含"田间晚疫病实时分布"和"近期天气条件是否适合晚疫病菌侵染"两项功能，此外还包括马铃薯品种抗病性、化学药剂和晚疫病综合防治方法等信息。其中 China-blight 系统由河北农业大学组建并与全国主要马铃薯种植省（自治区或直辖市）科研、推广和生产人员共同维护运行。其"晚疫病发生实况"即"中国马铃薯晚疫病实时分布图"的运行模式基本与 Fight Against Bligh、Phyto PRE＋2000 和 Pl@nte Info 相同；其"近期天气条件是否适合晚疫病菌侵染"功能实现是根据中央气象台的"未来24h 降雨量预报图"和"未来48h 降雨量预报图"绘制"未来48h 中国马铃薯晚疫病侵染预测图"，在中国地图上以红色和黄色分别表示"未来48h 内天气条件非常适合晚疫病菌侵染即非常危险"和"未来48h 内天气条件接近适合晚疫病菌侵染的条件即比较危险"，其他区域则不危险。上述展现在全国地图上的侵染预测图其反映的是宏观地域范围内的天气条件是否适合晚疫病菌侵染，如想了解某一具体地区范围内的天气条件是否适合晚疫病菌侵染、某一田块是否需要对晚疫病进行化学防治，则需要系统提供更具针对性的预测和建议，基于此设计了"马铃薯晚疫病化学防治决策支持系统"。打开该系统后，用户可根据自己田块的具体情况，选择相应的信息（生育期、品种抗病性、地块周围晚疫病发生情况、本地近期天气情况和近期针对晚疫病的用药情况等），系统就会根据这些信息给出相应地预测结果和建议，为该田块的马铃薯晚疫病化学防治提供指导。鉴于我国幅员辽阔和气象服务发展现状，在我国可以基于现有的 China-blight 平台，分区域、分步骤建设和完善"晚疫病预警体系"，即在各马铃薯集中种植区域（省、自治区、直辖市或几个地域相连的行政区域）分别建设"观察员"队伍，通过多年积累最终形成覆盖全国马铃薯产区的中国马铃薯晚疫病监测预警体系。

4. 化学防治

由于没有高抗或免疫的品种，在晚疫病流行期，化学防治是目前控制马铃薯晚疫病流行的主要措施，只要使用得当，可以收到很好的防病增产效果，应加强病情监测，结合使用预警系统指导药剂防治。甲霜灵类（metalaxyl）、烯酰吗啉（dimethomorph）、霜霉威氟吡菌胺（propamocarb-HCl＋fluopicolide）等可以有效控制病害的发生和流行。

5. 加强栽培管理

生长期培土可减少病菌侵染薯块的机会；扩大行距，缩小株距，控制地上部植株生长，降低田间小气候湿度，均可减轻病情；深挖沟高起垄，高培土可阻止病菌随雨水侵入块茎，减轻病害；轮作套作，避免重茬连作可减少中心病株发病率；适时错峰播种可有效避病。

6. 收获前防治

在病害流行年份，为了减少收获期晚疫病菌侵染块茎，可以在成熟期或接近成熟期前 10～15d 清除地上茎叶，或用化学药剂杀死地上茎叶，来减少伴随种薯收获入库的病菌。

第二节　马铃薯粉痂病

马铃薯粉痂病于 1841 年在德国首次报道。目前，马铃薯粉痂病在世界各大洲均有分布，其中在欧洲的分布最广泛、发病最严重，丹麦、德国、荷兰、爱尔兰、西班牙、瑞士、英国、意大利、马耳他和法国等均有马铃薯粉痂病发生的报道。南美洲的厄瓜多尔、哥伦比亚、秘鲁、智利、玻利维亚、巴西、阿根廷，北美洲的墨西哥、加拿大、哥斯达黎加，美国的多个州如北达科他州，大洋洲的新西兰、澳大利亚、巴布亚新几内亚，中东地区的以色列和土耳其，亚洲的印度、巴基斯坦、韩国、日本和斯里兰卡均发生粉痂病。继 1957 年中国福州发生马铃薯粉痂病之后，在福建、内蒙古、广东、甘肃、江西、浙江、湖南、湖北、贵州、四川、云南等省份均有马铃薯粉痂病的发生。甘肃省农业科学院植物保护研究所 2011 年在渭源县会川试验田收获期马铃薯块茎调查中发现，一般田块马铃薯粉痂病病薯率在 5%～20%，重病田病薯率在 90% 以上。云南农业大学调查了云南省昭通市、会泽县、宣威市、寻甸县、丽江市和香格里拉县 6 个地区马铃薯粉痂病的发生情况，粉痂病在云南省马铃薯主产区分布广泛。2014 年云南农业大学对全省马铃薯种植区域和种业基地进行了粉痂病的全面普查，结果表明：粉痂病依然是影响云南马铃薯生产的主要因子之一，大田发病率在 5%～10%，一级种基地种薯带菌率在 3% 左右，土壤带菌是病害发生的关键因子。通过光学显微镜和电镜观察，在云南省昭通市、会泽县、寻甸县、丽江市和香格里拉等地的马铃薯不同品种的薯块上均观察到了马铃薯粉痂菌的存在，种薯带菌普遍。

一、症状

马铃薯粉痂病主要为害块茎及根部，有时茎也可染病。块茎染病，最初在表皮上出现针头大小的褐色小斑，后小斑逐渐隆起、膨大，成为直径 3～5mm 不等的"疱斑"，其表皮尚未破裂，为粉痂的"封闭疱"阶段。后随病情的发展，"疱斑"表皮破裂，反卷，皮下组织出现橘红色，散出大量深褐色粉状物（孢子囊），"疱斑"下陷呈火山口状，外围有木栓质晕环，为粉痂的"开放疱"阶段。如果侵染较严重，"疱斑"连接成片，形成大片不规则的伤口，甚至造成薯块畸形，严重影响薯块的商品价值。根部染病，于根的一侧长出豆粒大小单生或聚生的白色瘤状物，成熟时变成深棕色；严重的根部侵染，会引起弱小植物的枯萎和死亡（图 1-6、图 1-7）。有时病菌也侵染茎秆，在主茎近地部分形成白色疱状结构。

二、病原

马铃薯粉痂病由马铃薯粉痂菌（*Spongospora subterranea* f. sp. *subterranea*）引起，该病原菌属真菌界，鞭毛菌亚门，根肿菌纲，粉痂菌属。粉痂病"疱斑"破裂散出的褐色粉状物为病菌的休眠孢子囊（休眠孢子囊堆），由许多近球形的黄色至黄绿色的休眠孢子囊集结而成，外观如海绵状球体，直径 19～33μm，具中腔空穴。休眠孢子囊球形至多角形，直径 3.5～4.5μm，壁薄，平滑，萌发时产生游动孢子（图 1-8）。游动孢子近球形，无胞壁，顶生不等长的双鞭毛，在水中能游动，静止后成为变形体，从根毛或皮孔侵入寄主内致病。游动孢子及其静止后所形成的变形体，成为本病初侵染源。

三、侵染循环

病菌以休眠孢子囊在种薯内或随病残物遗落在土壤中越冬，病薯和病土成为翌年的初侵染源。当条件适宜时，休眠孢子囊萌发产生游动孢子，游动孢子静止后成为变形体，从根毛、皮孔或伤口侵入寄主；变形体在寄主细胞内发育，分裂为多核的原生质团；到生长后期，原生质团又分化为单核的休眠孢子囊，并集结为海绵状的休眠孢子囊，充满寄主细胞内。从马铃薯的匍匐茎、细根和新生薯的表皮、皮孔或伤口侵入细胞内，营寄生生活。被感染的寄主细胞受到刺激后增大 5～10 倍，形成大细胞。这时在块茎表皮上出现小如针头、大似豌豆，初期呈白色的近圆形或不规则形稍隆起的水泡状斑点，后斑点扩大而成肿块。随着寄主组织的死亡，大细胞又割裂成许多小细胞，每个小细胞形成含有

　　　　图 1-6　马铃薯粉痂菌为害块茎症状

单核的孢子，许多孢子聚合在一起，成为典型的休眠孢子囊。在适宜的条件下，休眠孢子囊又产生变形体，随着寄主细胞的分裂而蔓延到新的细胞中进行再侵染。休眠孢子囊若散入在土壤中，可存活 4～5 年之久。病菌休眠孢子囊散出后，剩下圆形光滑凹陷的木栓窟，形成深入薯肉的木栓层，似"火山口"。病组织崩解后，休眠孢子囊又落入土中越冬或越夏，在土壤潮湿条件下，还可发生不规则的薯肉溃疡。病害的远距离传播靠种薯的调运；田间近距离传播则靠病

图 1-7　马铃薯粉痂菌为害根茎症状

扫一扫看彩图

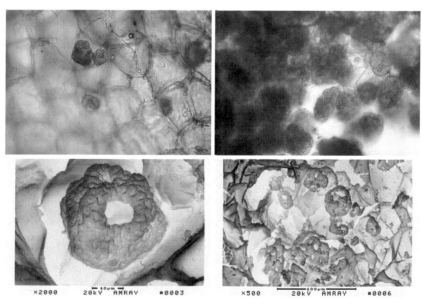

图 1-8　马铃薯粉痂病菌休眠孢子囊

扫一扫看彩图

土、病肥、灌溉水等。

四、发病条件

一般雨量多、夏季较凉爽的年份易发病。土壤具有冷、湿、酸、疏松和腐殖质较多的特点，有机物分解缓慢，有效养分含量减少，而硫化氢、低铁等还原性有毒物质常大量积累，土壤湿度为 90% 左右，土温 18～20℃，土壤 pH 为 4.7～5.4 时对马铃薯生长极为不利，常使其生理活动衰弱，抗病力显著降低，极易造成粉痂病的严重发生。云南农业大学研究发现马铃薯粉痂发病率与土壤中磷、钾、pH、氮、有机质有关。

该病发生的轻重主要取决于初侵染及初侵染病原菌的数量，田间再侵染即使发生也不重要。

五、防治措施

马铃薯粉痂病是一种土传病害，休眠孢子囊在土中可存活 4～5 年，最长可在土中存活 10 年，甚至 20 年。马铃薯粉痂菌是活体专性寄生菌，病原菌很难离体培养及在土壤中存留难于被杀死，给粉痂病的防治带来了很多困难。防治马铃薯粉痂病应贯彻执行"预防为主，综合防治"的方针，严格实施检疫制度，封锁疫区，杜绝病菌传播蔓延。目前马铃薯粉痂病的防治主要采用土壤处理、种薯处理、改变土壤 pH 值、化学防治、生物防治、种植抗病品种等方法。

1. 严格执行检疫制度，对病区种薯严加封锁，禁止外调

以法规的形式限制带菌种薯的外调，起到控制粉痂病传播的目的，保护非病区受到病害的传播。

2. 抗病品种和种质资源的利用

控制粉痂病最经济有效且具有环保价值的方法是培育对粉痂病有抗性的马铃薯品种。可以从一些野生的或栽培的种质资源中广泛收集抗原，进行鉴定，从中筛选出有用的抗原进行抗病育种。'会-2 号'和'米拉'高抗马铃薯粉痂病。

3. 种薯消毒处理

云南农业大学研究表明母薯带菌新生薯块都会发病，因此通常采用福尔马林、硫酸铜和硫黄处理薯块来降低种薯带菌，从而减轻新生薯块受粉痂菌的侵染。

4. 土壤处理

杀死土壤中的病原菌与种植不带菌的种薯结合起来是最有效的控制粉痂病的方法。有两个办法可以降低土壤中的病原菌，一是土壤灭菌，二是施用杀菌剂。可以使用辣根素控制土壤中病原菌的数量。辣根素是一种仿生态合成制剂，源于十字花科植物，具有挥发性，对土壤微生物有杀灭作用。该产品由中国农业大学研发，并与云南农业大学马铃薯病害研究室合作开展对马铃薯土传病害的防控研究。田间示范于 2016～2017 年在英茂集团大松坪基地进行，2016 年示范面积 58 亩，在马铃薯出苗后 1 个月，机械第 1 次培土前，借助滴灌，每亩滴入 1 升辣根素，结果表明可以有效控制马铃薯粉痂病发病率到达 50%。2017 年继续进行验证示范，于 2017 年 9 月 16 日通过同行专家田间鉴评，相对防效达到 41.33%。

5. 农业措施

在病害发生地区，实行马铃薯与豆类或谷类作物 4～5 年的轮作控制粉痂病。云南农业大学研究表明种植马铃薯之前，种植诱导植物诱捕土壤中的病原菌能快速降低土壤中的菌量。

6. 化学防治

杀菌剂能够令人满意地控制许多植物病害，但对于由土传病原菌引起的病害的防治效果是有限的。陈军报道，播种前使用 $3L/hm^2$ 氟啶胺能控制粉痂病的发病率。目前，还没有一种杀菌剂能有效控制粉痂病。

第三节　马铃薯早疫病

马铃薯早疫病于 1892 年在美国佛蒙特州首次发现，目前在世界各地均有发生。已报道的引起马铃薯早疫病的病原菌有 *Alternaria solani*、*Alternaria alternata*、*Alternaria interrupta*、*Alternaria grandis*、*Alternaria tenuissima*、*Alternaria dumosa*、*Alternaria arborescens* 和 *Alternaria infectoria* 8 种，其中 *A. solani* 为优势病原菌。1984 年，以色列的 Droby 首次报道 *A. alternata* 可引起马铃薯早疫病。2009 年，伊朗首次发现 *A. interrupta* 是马铃薯早疫病的一种新病原。2010 年，伊朗首次报道 *A. tenuissima*、*A. dumosa*、*A. arborescens* 和 *A. infectoria* 也可侵染马铃薯。由于 *A. alternata* 经常从受 *A. solani* 侵染后的马

铃薯叶片中分离得到，Weir 等认为，其是马铃薯早疫病的伴生致病菌，一般不直接引起病害，而 Kapsa 认为，*A. alternata* 和茄链格孢都是马铃薯早疫病的致病菌。研究表明，*A. solani* 和 *A. alternata* 均可单独导致衰老的马铃薯叶片发生早疫病，从而认为二者都是马铃薯早疫病的病原菌。国内马铃薯早疫病的研究较少，2010 年台莲梅等对马铃薯早疫病病原菌的生物学特性进行研究，然后用离体叶片接种法对黑龙江省不同马铃薯产区的早疫病菌致病力分化进行研究，并对不同致病力菌株的培养性状进行研究比较。何凯等于 2012 年采用组织分离法对重庆市巫溪县马铃薯早疫病病原菌进行分离鉴定，并对该菌的生物学特性进行研究。

马铃薯早疫病一般年份可造成马铃薯减产 5%～10%，病害严重年份减产可达 50% 以上。Haware 研究证明马铃薯产量损失随马铃薯早疫病的病情严重度的加剧而加剧，当发病率为 25%，产量损失 6%，当发病率 100% 时，产量损失 40%。Nnodu 等调查发现马铃薯早疫病不但在田间可造成产量损失，而且在块茎采后贮藏过程中也会造成其品质降低。在一些地区，贮藏过程中损失高达 30%。

一、症状

马铃薯早疫病主要为害叶片，也可为害叶柄、茎和薯块。一般先侵染下部叶片，产生褐色、凹陷、与健康部分界限明显的小斑点，后扩大成大小为 3～4mm、具有清晰同心轮纹的椭圆形病斑。湿度大时，病斑上常产生黑色霉层（病原菌的分生孢子梗和分生孢子）。严重时，整个病斑相互连接，愈合成不规则形的大斑，甚至穿孔脱落。茎、叶柄常于分节处受害，病斑稍凹陷、线条形、颜色为褐色，扩大后呈灰褐色，长椭圆形，具同心轮纹。块茎受害可产生暗褐色、边缘明显稍凹陷的圆形或近圆形病斑，其皮下呈浅褐色海绵状干腐（图 1-9）。

二、病原

茄链格孢菌 *Alternaria solani*（Ell. et Mart.）Joneset Grout，属半知菌亚门，丝孢纲，丛梗孢目，暗色孢科，链格孢属真菌。

该菌菌丝有隔膜和分枝，较老的颜色较深。分生孢子自分生孢子梗顶端产生，通常单生，其形状差异很大，倒棍棒形至长椭圆形，颜色为淡金黄色至褐色，具长喙，表面光滑，9～11 个横膈膜，0 到数个纵隔膜，大小为（150～300）μm×（15～19）μm，喙长等于或长于孢身，有时有分枝，喙宽 2.5～5μm。分生孢子梗从病

图 1-9　马铃薯早疫病症状

扫一扫看彩图

斑坏死组织的气孔中抽出，直立或稍弯曲，色深而短，单生或丛生（图1-10）。

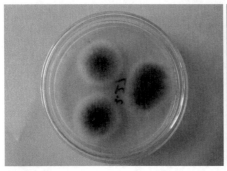

图1-10　马铃薯早疫病菌菌落及分生孢子形态

扫一扫看彩图

三、流行规律

茄链格孢菌主要以菌丝和分生孢子附着在病株、土壤、被侵染的块茎上，以及其他茄科植物的寄主上，并可在土壤中越冬。翌年当温度适宜时，早疫病菌产生大量新的孢子。病斑上的分生孢子主要靠风、雨等传播，通过气孔或伤口侵入。分生孢子多次经由植株的气孔、表皮或伤口多次循环侵染。在生长季节早期，初侵染发生在较老的叶片上，活跃的幼嫩组织和重施氮肥的植株，通常不表现症状。

气候因素和植株长势对马铃薯早疫病的发生和流行有显著影响，高温高湿的环境有利于发病。26～28℃为马铃薯早疫病菌菌丝生长最适温度，28～30℃为分生孢子萌发最适温度，通常温度达到15℃以上，相对湿度大于80%，早疫病菌就可发生侵染。温度超过25℃时，只需短期阴雨或重露天气，早疫病就能迅速蔓延。7～8月温度适宜，雨水充足、雾多或露水重、暴风雨次数多，发病严重。沙质土壤脱肥、元素不均衡、缺锰，易导致病害加重；长势衰弱的植株，发病严重；有病毒病、黄矮病、线虫病及虫害严重的植株，发病严重；过早、过晚栽种，磷肥施量过多，发病严重。

四、防治措施

1. 选用抗病品种

培育和种植抗早疫病品种是防治马铃薯早疫病最直接而有效的措施。温室试验证实成株期比幼苗期更容易获得抗性，且温室和田间结果较一致，并且证明抗性是可遗传的，建议在幼苗期将个体抗性选择作为抗性育种的手段。国内品种如'晋薯7号'，国外品种'Jygeve kollane'、'沙罗'和'他格西'等对马铃薯早疫病都有一定的抗性。

2. 农业防治

农业防治可以改变寄主和茄链格孢菌的生活环境，从而影响马铃薯早疫病病害的发生。其影响包括两个方面：一是影响茄链格孢菌的存活、繁衍、传播和侵染；二是影响寄主植物的生活力，如提高或降低寄主对茄链格孢菌的抵抗力。温度、湿度、降雨量、耕作、灌水、土壤肥力等因素与早疫病的发生密切相关，选择土壤肥沃的田块进行种植，增施钾肥，合理灌溉，有利于增强植株对早疫病的抗病性。同时重病田块注意与豆科、禾本科作物进行轮作。结合中耕，清理老叶，早期灌水2~3次有利于减缓早疫病的发生。马铃薯适时提早收获，并收获充分成熟的薯块。收获和运输时尽量减少薯块损伤，入窖时剔除病薯。储藏温度以4℃为宜，不能超过10℃，同时注意通风换气。

3. 化学防治

目前，我国防治早疫病的化学方法主要有种薯处理和生长期喷药。每种方法都有其优缺点，种薯处理可有效地控制种薯携带病菌，但不能控制早疫病的后期侵染。现在生产上常用的方法为生育期喷药防病。建议在田间防治时，发病初期喷施代森锰锌，后期喷施嘧菌酯、戊菌唑或嘧菌酯·苯醚甲环唑，交替使用。

第四节　马铃薯黑痣病和茎溃疡病

马铃薯黑痣病又称立枯丝核菌病、茎基腐病、丝核菌溃疡病和黑色粗皮病。在我国，黑痣病最早是1922年和1932年分别于台湾省和广东省发现，该病已经在我国各马铃薯产区有不同程度的发生，尤其是在黑龙江、吉林、辽宁、甘肃、青海以及内蒙古西部等地区，病害发生严重，重症田块植株发病率达到70%~80%。近年来马铃薯产业发展迅速，种植面积逐年上升，导致重茬问题严重，黑痣病发生变得普遍，一般年份即可造成马铃薯减产15%左右，个别年份可达到毁灭全田，严重影响马铃薯的产量和品质，阻碍了马铃薯产业的发展。

云南马铃薯主产区均有黑痣病的发生，部分地区发病较为严重，最为严重的昆明地区发病率达到36%；曲靖、昭通、丽江、迪庆和大理五个州市的发病率分别为29.75%、29.01%、27.28%、20.91%和12.36%，全省马铃薯黑痣病最轻发生地区为宣威市，发病率亦达到12%。

一、症状

　　丝核菌可危害马铃薯的幼芽、茎基部及块茎。为害幼芽和茎基部的称为茎溃疡病，为害成熟块茎的称为黑痣病。薯块播种到田里出芽后，幼芽顶部出现褐色病斑，使生长点坏死，不再继续生长。地下块茎发病多以芽眼为中心，生成褐色病斑，影响出苗率，造成苗不全、不齐、细弱等现象。在苗期主要感染地下茎，出现指印形状或环剥的褐色病斑，地上植株矮小和顶部丛生；严重时可造成植株立枯、顶端萎蔫。因输导组织受阻，其叶片则逐渐枯黄卷曲，植株易倒死亡，此时常在土表部位再生气根，产出黄豆大的气生块茎。茎秆上发病先在近地面处产生红褐色长形病斑，后渐扩大。茎表面呈粉状，容易被擦掉，粉状下面的茎组织正常，严重时茎基腐烂。匍匐茎感病，为淡红褐色病斑，匍匐茎顶端不再膨大，不能形成薯块；感病轻者可长成薯块，但非常小。也可引起匍匐茎徒长，影响结薯，或结薯畸形（图 1-11）。成熟的块茎感病时，表面形成大小不一、数量不等、形状各异、坚硬的、颗粒状的黑褐色或暗褐色的斑块，也就是病原菌的菌核，牢固地附在表面上，不易冲洗掉，而菌核下边的组织完好，也有的块茎因受侵染而造成破裂、锈斑、薯块龟裂、变绿、畸形、末端坏死等现象（图 1-12）。

二、病原

　　病原菌为立枯丝核菌（*Rhizoctonia solani* Kühn），病原菌的无性态归属于菌物界，无孢纲，无孢目，丝核菌属，立枯丝核菌，为兼性寄生菌，而它的有性世代，属于担子菌亚门，层菌纲，胶膜菌目，亡革菌属，瓜亡革菌［*Thanatephorus cucumeris*（Frank）Donk］。是一类在自然界中广泛存在的真菌。初生菌丝无色，粗细较均匀，分隔距离较长。分枝呈直角或近直角，分枝处大多有缢缩，并在附近生有一隔膜。新分枝菌丝逐渐变为褐色，变粗短后纠结成菌核。菌核初为白色，后变为淡褐或深褐色。病菌和菌丝生长温度范围是 5～39℃，最适温度 25～30℃，菌核形成温度 11～37℃，最适 23℃，属高温型菌（图 1-13）。立枯丝核菌寄主范围极广，至少能侵染 43 科 263 种植物。包括马铃薯及绝大多数栽培作物和众多的野生植物，如水稻、大麦、棉花、黄麻、洋麻、甜菜、大豆、烟草、柑橘、洋葱、黄瓜、莴苣、丝瓜、十字花科蔬菜、茄子、番茄、菜豆、豌豆、海松、白皮松、油松等。

　　丝核菌是一类在自然界中广泛存在的真菌，自 1851 年 De Candolle 建立丝核菌属（*Rhizoctonia*）以来，人们对其进行了大量的研究。但由于丝核菌只有

图 1-11　马铃薯茎溃疡病症状　　　　　扫一扫看彩图

结构相似的菌丝，很少产生有性和无性孢子，有性态的诱导极为困难，所以给丝核菌的分类鉴定工作带来了很大的困难，因而将菌丝间有亲和性，能融合在一起的菌丝称为一个群体，用 AG 表示。

　　研究表明，中国马铃薯主产区的马铃薯黑痣病菌的融合群以 AG3 为主。李晓妮等从山东、甘肃、青海、内蒙古、河北和黑龙江 6 省（自治区）采集马铃薯黑痣病标本 300 余份，分离获得 251 个立枯丝核菌菌株。融合群测定结果表明，这些菌株分别属于多核的丝核菌 AG3、AG1-IB、AG4-HG-Ⅰ、AG4-HG-Ⅱ、AG4-HG-Ⅲ、AG5 和 AG11 融合群。其中 AG3 是优势致病群，占

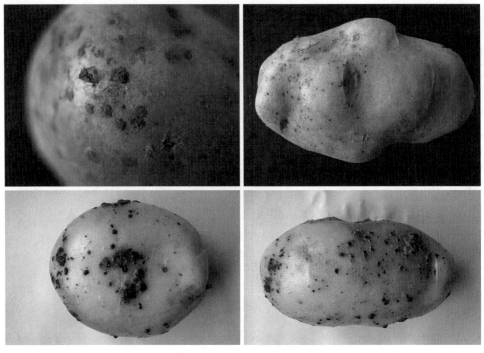

图 1-12　马铃薯黑痣病症状

扫一扫看彩图

分离菌株总数的 71.31%；其次是 AG4-HG-Ⅰ，占 15.14%；AG11 融合群菌株是国内首次从罹病马铃薯植株上分离得到。从各融合群中选取代表性的菌株进行 5.8S rDNA-ITS 区序列分析，结果表明，隶属不同融合群或亚群菌株的 5.8S rDNA-ITS 区序列存在较大的差异，而相同融合群（亚群）不同菌株的序列具有较高一致性。张春艳等为明确内蒙古马铃薯黑痣病菌融合群的组成及其致病力，从内蒙古 13 个县（旗）分离得到 109 株黑痣病菌，采用载玻片配对法和土壤接种法分别测定其融合群及致病力。结果表明，109 株黑痣病菌中共存在 8 个融合群及亚群，分别为 AG1-IB、AG2-1、AG3、AG4-HG-Ⅱ、AG4-HG-Ⅲ、AG5、AG9 及 AG-A。其中 84 株菌株为 AG3，占 77.06%；AG4-HG-Ⅱ 和 AG5 分别为8 株和 6 株，占 7.34% 和 5.50%；其余 5 个融合群各不超过 5 株，所占比例均在5.00% 以下。在 84 株 AG3 融合群中，从薯块分离得到 52 株，茎表分离得到 32株；其他 7 个融合群共 25 株菌株均分离自茎表。除 AG-A 无致病能力外，其他融合群均可致病，AG3 致病力最强，AG4 和 AG5 次之，AG2-1、AG9 和 AG1-IB 最弱。表明内蒙古马铃薯黑痣病菌具有丰富的多样性，但其优势融合群仍为 AG3。路小

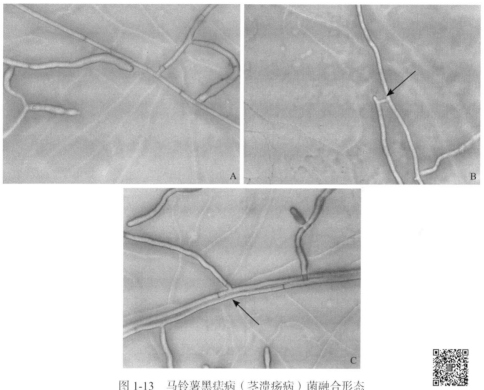

图 1-13　马铃薯黑痣病（茎溃疡病）菌融合形态

A. 菌丝结构；B. 为点融合；C. 为面融合　　　　　　　　　扫一扫看彩图

琴经菌丝融合反应鉴定发现，引起甘肃省立枯丝核菌的融合群有 AG2-1、AG3、AG4，不同菌丝融合群间在地域分布和品种差异不明显，但分离频率有差异。其中 AG3（57.14%）出现频率最高，分布地区较广，是甘肃省马铃薯立枯丝核菌的优势融合群。刘霞等对来自云南马铃薯产区的 67 个丝核菌菌株进行融合群测定表明 67 个菌株都属于 AG3 融合群。

三、流行规律

1. 传播途径

马铃薯黑痣病是由立枯丝核菌引起的真菌性土传病害，以菌核在病薯块上或残落于土壤中越冬，在土壤中能存活 2～3 年，可经风雨、灌水、昆虫和农事操作等传播为害。种薯是翌年的主要初侵染源，又是远距离传播的主要途径，一般经伤口或直接侵染幼芽，导致发病，造成芽腐或形成病苗，一年有 2 次发病高峰期，第 1 次发病高峰为苗期至现蕾期，第 2 次发病高峰为开花期至结薯期。

2. 发病条件

菌核在 8～30℃皆可萌发，病菌发育适宜温度 23℃，田间发病程度与春寒及潮湿条件密切相关，播种早或播后土温较低的情况下发病较重，低洼积水地不易提高地温，易于诱发病害。后期菌核萌发需 23～28℃的较高温度，连续阴雨或湿度连续高于 70%，此病发生严重甚至流行。前茬为番茄、茄子、水稻的田块，发病率高，连作年限越长发病越重。土壤中氮、磷含量过高，钾、钠、钙含量过低均易于黑痣病的发生。

四、防控措施

对于马铃薯黑痣病的防治，目前研究表明单一方法是不可能彻底有效的，需要多措施并举。

1. 无病种苗的选育

建立无病留种地，选用健康种薯进行种植，这是控制马铃薯黑痣病发生的关键所在。

2. 农艺措施防病

轮作倒茬。与非寄主作物倒茬，避开前作水稻、玉米、麦类等地来降低土壤中的病菌数量，实行 3 年以上轮作制，避免重茬。

未成熟收获。可在马铃薯自然成熟前 14～28d 人工拔除茎叶后收获。未成熟收获比茎叶拔除和除草剂除茎叶更有利于降低黑痣病发生的程度。

田间水肥管理。选择易排涝、高地块种植，避免冷凉气候播种。适时晚播，浅覆土促进早出苗，缩短幼苗在土壤中的时间，减少病菌侵染机会。

合理密植。保护地每亩栽培 4000 株左右，露地每亩栽培 4600 株左右，注意通风透光，低洼地应实行高畦栽培，雨后及时排水，做到雨过田干，同时，收获后及时清洁田园，病株、病薯带出田块进行深埋。

3. 药剂防控

种薯消毒。播前用 50% 多菌灵可湿性粉剂 500 倍液，或 15% 恶霉灵水剂 500 倍液，或 50% 福美双可湿性粉剂 1000 倍液喷雾种薯 10min。

茎叶喷雾。在发病初期喷洒 3.2% 恶·甲水剂 300 倍液或 36% 甲基硫菌灵悬浮剂 600 倍液。

土壤处理。每平方米用 25% 戊菌隆可湿性粉剂 0.5～1.5g 浸渍土壤或干混土壤，农药使用要严格按照配比浓度使用，而且要确保安全间隔期，一般在采收前 7～10d 停止用药。

药剂选择。室内毒理测定表明，抑菌效果较好的药剂有纹弗、咯菌腈和甲基硫菌灵，室内抑菌效果可达 100%。以上 3 种农药适于在云南马铃薯产区使用。

第五节　马铃薯枯萎病和干腐病

一、马铃薯枯萎病

马铃薯枯萎病是由镰刀菌（*Fusarium* spp.）侵染引起的病害。种薯带菌是枯萎病重要的初侵染源，可在开花期前后导致马铃薯地上部植株萎蔫甚至枯死，地下茎和块茎维管束不同程度变褐色坏死。马铃薯枯萎病起初并不被认为是马铃薯生产上的一个主要问题，自 1999 年首次在希腊发现尖孢镰刀菌可导致马铃薯枯萎病后，其造成的危害才得以重视。目前马铃薯枯萎病在美国、乌拉圭、印度、伊朗、意大利、加拿大等国家都有发生危害的报道。中国马铃薯产区的河北、内蒙古、甘肃、新疆、贵州等地都有关于该病害的报道，发生危害程度不同，平均减产 20%～40%。

（一）症状

发病初期，植株地上部出现萎蔫，剖开病茎，维管束变褐色，湿度大时，病部常产生白色至粉红色菌丝（图 1-14）。

 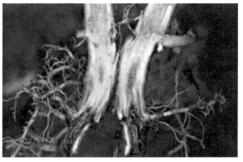

图 1-14　马铃薯枯萎病症状

扫一扫看彩图

（二）病原

引起马铃薯枯萎病病原菌种类较多，据 Rakhimov 和 Khakimov 报道，马铃薯枯萎病是由镰刀菌的 5 个不同种引起的，即茄病镰刀菌（*F. solani*）、雪腐镰刀菌（*F. nivale*）、尖孢镰刀菌（*F. oxysporum*）、串珠镰刀菌（*F. moniliforme*）和接骨木镰刀菌（*F. sambucinum*）。彭学文等报道，河北省马铃薯枯萎病是由 *F. solani*、*F. moniliforme* 及 *F. oxysporum* 引起的。王玉琴等报道，甘肃省马铃薯枯萎病是由燕麦镰刀菌（*F. avenaceum*）引起的。王丽丽等报道，新疆马铃薯枯萎病的病原菌由 *F. moniliforme*、*F. solani* 和 *F. oxysporum* 3 个种引起。

马铃薯枯萎病病原菌（图 1-15）菌丝较细，菌落绒毡状，背面（图 1-15B）分泌淡紫色的色素；以单出瓶梗为方式产孢。大型分生孢子（图 1-15C）相对

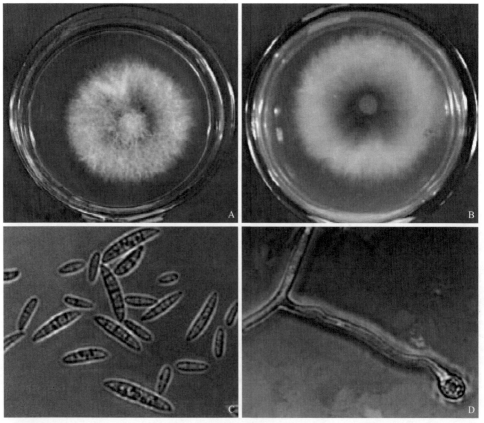

图 1-15　马铃薯枯萎病病原菌形态特征
A. 菌落正面；B. 菌落背面；C. 大、小型分生孢子；D. 厚垣孢子

扫一扫看彩图

小型分生孢子稀少，3～5个分隔，纺锤形，两端尖，大小为（11.5～28）μm×（3.1～4.0）μm。小型分生孢子（图1-15C）无色，椭圆形或卵形，大小为（3.9～6.4）μm×（2.3～2.9）μm。厚垣孢子（图1-15D）单独生长，球形，表面光滑。

马铃薯枯萎病主要初侵染来源是土壤中存在的病原菌和带菌种薯，据Ioannou N报道病原菌在土壤中可以存活5～6年，厚垣孢子和菌核通过牲畜消化道后仍具有活力。

（三）防控措施

1. 轮作

与禾本科作物或绿肥等进行至少2年以上轮作。马志伟等用玉米、小麦、向日葵、大豆、油菜5种作物与马铃薯轮作研究表明，镰刀菌不能侵染这5种作物，同时这5种作物根系分泌物对马铃薯枯萎病菌菌丝生长有抑制作用，但存在差异，3d时玉米根系分泌物抑制菌丝生长效果最好，小麦次之，油菜根系分泌物抑制效果最差；5种作物根系分泌物能抑制枯萎病菌孢子萌发；5种作物根系分泌物对马铃薯枯萎病菌孢子产量表现出不同程度的抑制作用；5种作物根系分泌物对枯萎病菌的粗毒素产生均有一定的抑制作用。因此，轮作能减少土壤中病原菌数量的同时，根系分泌物也能起到抑制病原菌生长的作用。

2. 选择并使用健康种薯

使用健康种薯能避免种薯带菌，减少初侵染来源。

3. 使用农业防治措施

施用腐熟有机肥可减轻发病。加强田间肥水管理，进行配方施肥，增施有机肥，适时喷施叶面肥；适量增施钾肥，雨后及时清沟排渍降湿，使植株生长健壮，增强植株抗病力。据Martyn和Yoshihisa homma报道，利用太阳能晒田可减少土壤中枯萎病菌的数量。

4. 药剂防治

50%多菌灵可湿性粉剂、25%甲霜灵、72%霜脲·锰锌可湿性粉剂、50%代森锰锌都有一定防效。可结合中耕管理进行叶片喷雾。

二、马铃薯干腐病

马铃薯干腐病是中国马铃薯产区贮藏期重要的真菌病害，其常年发病率为

10%～30%，最高可达 60%。该病不仅严重危害种薯质量，还会影响马铃薯出苗及随后的生长发育，大大降低马铃薯产量和商品性。

马铃薯干腐病也是由镰刀菌（*Fusarium* spp.）引起，全世界引起马铃薯干腐病的镰刀病原菌多达 10 个种，不同地区马铃薯干腐病致病的镰刀菌种类不同。2004 年何苏琴报道甘肃省定西地区马铃薯干腐病主要由硫色镰刀菌引起；2007 年陈彦云报道宁夏西吉县马铃薯干腐病主要病原为茄病镰孢蓝色变种和接骨木镰刀菌；闵凡祥等研究表明在我国黑龙江导致马铃薯干腐病的镰刀菌主要有拟枝孢镰孢、茄病镰刀菌、接骨木镰刀菌、拟丝孢镰孢、燕麦镰孢和茄病镰孢蓝色变种，其中接骨木镰刀菌、燕麦镰孢和拟丝孢镰孢致病力最强；魏巍等研究表明在内蒙古和河北马铃薯干腐病由接骨木镰刀菌、锐顶镰刀菌、尖孢镰刀菌和芬芳镰刀菌引起。云南农业大学鉴定出云南马铃薯干腐病菌主要有芬芳镰刀菌、接骨木镰刀菌、茄病镰刀菌和黄色镰刀菌。

（一）症状

干腐病病菌在块茎上的症状一般是经过一段时间的贮藏后才开始表现。块茎的症状可能会随镰刀菌和马铃薯品种有所变化。最初在块茎上出现褐色小斑，随后病斑逐渐扩大，下陷皱缩，形成同心轮纹，进一步造成块茎腐烂。在腐烂部分的表面，常形成由病菌菌丝体紧密交织在一起的凸出层，其上着生白色、黄色、粉红色或其他颜色的孢子团。发病块茎皱缩变干，即干腐。坏死组织变褐，有时呈现各种颜色，形成空洞（图 1-16）。

（二）病原及传播

中国已报道的马铃薯干腐病菌有 10 个种及变种，分布在不同的省份（表 1-1）。病菌以菌丝体或分生孢子在病残组织或土壤中越冬，在土壤中可存活几年。在种薯表面繁殖存活的病菌可成为主要的侵染来源。条件适宜时，病菌依靠雨水飞溅传播，经伤口或芽眼侵入，又经操作或贮存薯块的容器及工具污染传播、扩大为害。被侵染后的种薯腐烂，又可污染土壤，以后又附在被收获的块茎上或在土壤中越冬。病害在 5～30℃温度范围内均可发生，以 15～20℃为适宜。较低的温度，加上高的相对湿度，不利于伤口愈合，会使病害迅速发展。通常在块茎收获时表现耐病，贮藏期间病害加重。收获期间造成伤口多则易受侵染。贮藏条件差，通风不良利于发病。

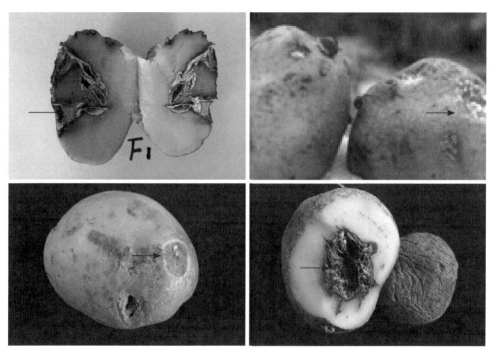

图 1-16　马铃薯干腐病危害症状

扫一扫看彩图

表 1-1　中国马铃薯干腐病菌种类及分布

省（自治区）	数量	种类
河北省	4	接骨木镰刀菌、尖孢镰刀菌、锐顶镰刀菌和芬芳镰刀菌
黑龙江省	7	拟枝孢镰刀菌、茄病镰刀菌、接骨木镰刀菌、拟丝孢镰刀菌、燕麦镰刀菌、茄病镰孢蓝色变种和黄色镰刀菌
内蒙古自治区	5	尖孢镰刀菌、木贼镰刀菌、接骨木镰刀菌、燕麦镰刀菌、锐顶镰刀菌
甘肃省	1	硫色镰孢
云南省	4	芬芳镰刀菌、接骨木镰刀菌、茄病镰刀菌和黄色镰刀菌

　　干腐病发病周期一般是从马铃薯收获时期开始。由于机械损伤等在块茎表面形成伤口，镰刀菌孢子的萌发管或是菌丝直接侵入，先在寄主的薄壁细胞间生长，分泌果胶酶和纤维素酶分解植物细胞壁。然后进入细胞，到达木质部维管束，菌丝分枝并产生大量的分生孢子，继续侵染周边维管束组织。

　　病原菌产生大量的分生孢子，不同种的分生孢子有差异，本书主要介绍云南省的 4 种镰刀菌的生物学特性（图 1-17）。

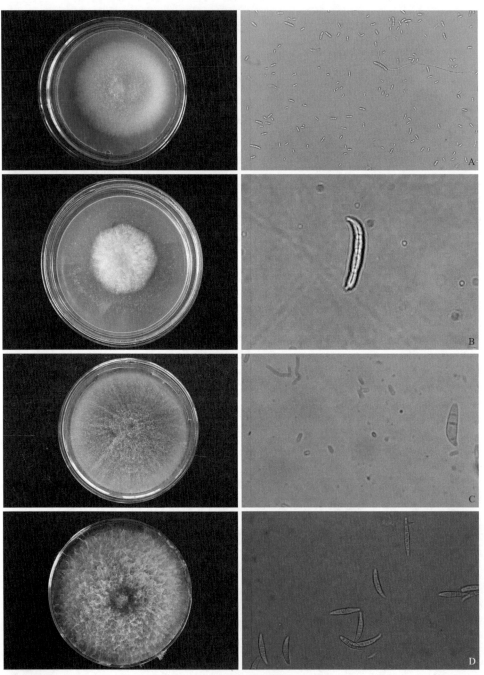

图 1-17　云南省马铃薯干腐病菌生物学特征

A. *F. redolens*；B. *F. sambucimum*；C. *F. solani*；D. *F. culmorum*

扫一扫看彩图

1. 芬芳镰刀菌

气生菌丝纤细，毡状，颜色苍白至米色，菌落背面呈淡橙黄色。大型分生孢子背腹分明，上部分枝宽，呈"马鞍形"，3～5个分隔。小型分子孢子卵圆形至圆柱形，偶尔有轻微的弯曲。厚垣孢子球型，多单生，也对生或串生。产孢细胞单瓶梗，单生或具分枝。

2. 接骨木镰刀菌

气生菌丝稀疏，丛卷毛状。初呈白色，后变淡黄色。大型分生孢子弯曲，背腹分明，顶部细胞鸟嘴形，基胞足跟明显或不明显，通常3～5个分隔。未观察到小型分生孢子和厚垣孢子，产孢细胞单瓶梗，瓶状小梗呈圆柱形，倒棍棒形。

3. 茄病镰刀菌

气生菌丝絮状，紫灰白色，背面分泌出暗紫褐色色素。大型分生孢子粗，新月形，通常1～5个分隔；小型分生孢子无隔，长卵圆形；厚垣孢子圆形，单个或2个联生。分生孢子梗呈粗树枝状分枝，在小柄上着生分生孢子。

4. 黄色镰刀菌

气生菌丝絮状，带黄色，菌层呈红色，背面溶出褐色色素。大型分生孢子新月形，较粗，通常2～7个隔；小型分生孢子树枝状着生，椭圆形，单细胞；厚垣孢子2～3个联生。

（三）防控措施

干腐病发生时节伴有其他真菌和细菌的二次感染。因此，防控措施应针对这个环节提出，以农业农艺措施防控为主。

（1）种植无病种薯，建立无病留种基地，因地制宜选种抗病种。

（2）加强田间管理，增施磷肥和钙肥，提高薯块细胞壁钙含量，增强抗病性。

（3）安全收获，土壤温度低于20℃时收获，降低侵染概率，收获时尽量避免薯块机械碰伤，减少侵染通道。

（4）控制贮藏条件，储藏前，清除窖内杂物，通风数日，并在入窖前，用硫黄粉、高锰酸钾与甲醛的混合剂或百菌清等烟剂熏蒸方法对储窖进行彻底消毒。

（5）合理储藏。收获后晾晒一天，待薯块表面干燥后入窖贮藏。入窖时剔除病伤薯块，贮藏容量不宜过大，一般占窖内容积1/2至2/3为宜，薯堆高度

3m 以下，并注意薯堆内部通气。贮窖内初期温度控制 13～15℃ 2 个星期，使块茎表皮木栓化，促进伤口愈合，以后降低窖温保持在 1～4℃，注意保持通风干燥，避免薯块表面潮湿和窖内缺氧。

第六节　马铃薯炭疽病

马铃薯炭疽病的研究可以追溯到 20 世纪初，目前该病广泛分布于美国、日本和加拿大等 50 个国家和地区。该菌可以侵染马铃薯的各个生长部位，侵染根部引起根腐烂，侵染维管束造成萎蔫，严重时引起植株枯萎。据 Tsro 等报道，该病害可使马铃薯产量减少 22%～30%，且块茎品质也大受影响。

国内对该病报道较少，2007 年刘会梅等对马铃薯炭疽病研究进展进行了相关报道；2011 年张建成等在宁波进境船舶携带薯块上分离并鉴定了该病原菌；同年王丽丽等将该病报道为新疆乌昌地区 5 种新纪录之一；魏周全等 2009～2011 年在甘肃省定西市各县区调查中发现一种新的病害，并鉴定是马铃薯炭疽病（2012 年报道），该病造成田间马铃薯早死，对马铃薯的产量造成较大损失。之后杨成德等对该病原菌进行了系统研究。

一、症状

马铃薯炭疽病在块茎、茎秆、叶片等部位均可发生（图 1-18A、B）。马铃薯根部和匍匐枝上发病时出现大量黑色的斑点状分生孢盘，且分生孢子盘上褐色刚毛明显（图 1-18C）；块茎发病形成近圆形或不规则形大斑，呈褐色或灰色（图 1-18D），后逐渐褐色腐烂，略下陷，病健交界明显，其上有黑色小点，为病原菌形成的分生孢子盘。叶部发病症状多不明显，偶尔早期颜色变淡，在叶柄和小叶上形成褐色至黑褐色病斑；在生长中期可在茎秆上形成褐色条形病斑且不断扩大（图 1-18E），其上也可以形成分生孢子盘，后期茎秆逐渐萎蔫并枯死，在枯死的茎秆外表皮或皮层内部形成大量的黑色颗粒状物，为小菌核（图 1-18F）。

二、病原

为半知菌亚门，腔孢纲，黑盘孢目，炭疽菌属的球炭疽菌 [*Colletotrichum coccodes* (Wallr.) Hughes]。

该菌菌丝无色至浅褐色，有隔膜，分生孢子盘黑褐色，长 88～120μm（平均 109.0μm），常生于寄主表皮下，盘上产生褐色、有分隔、顶部渐尖的刚毛 6～7 根，长 40～90μm（平均 61.8μm），分生孢子梗无色，具分隔，紧密排列在分生孢子盘上，

图 1-18　马铃薯炭疽病症状（发病后期症状照片，
引自杨成德，2013）

扫一扫看彩图

单个顶生分生孢子；分生孢子无色，单胞，长椭圆形或杆状，大小为（16～19）μm
（平均 17.3μm）×（3.6～4.8）μm（平均 4.3μm）（图 1-19 右图中箭头所指）。

三、流行规律

　　Colletotrichum coccodes 是一种土壤、种子和空气中普遍存在的病原菌，可
以侵染包括葫芦科、茄科等的 35 种寄主，尤其喜欢侵染茄科作物，如马铃薯和
番茄。病菌能以小菌核的形式在块茎表面和内部长期存活，还可存活于其他营
养体上，53% 的小菌核埋藏在松软的土层，潮湿的条件下可以存活 83 周。以
菌核在马铃薯块茎的表面或其植株的残体上越冬。春天，马铃薯块茎或植株残

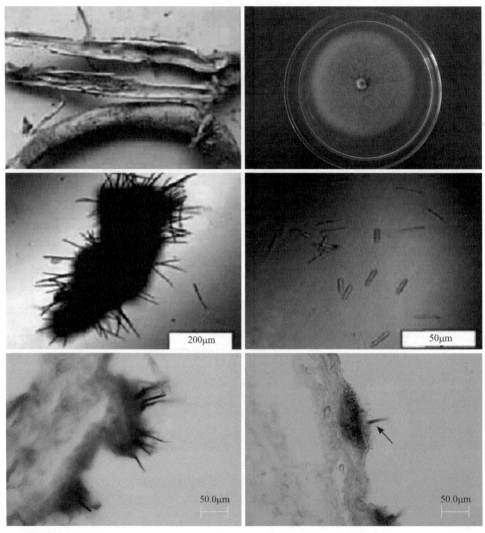

图 1-19　马铃薯炭疽病菌（引自杨成德，2013；陈爱昌，2012）

扫一扫看彩图

体上的小菌核进一步发育成分生孢子，分生孢子进行再侵染，伤口有利于侵染。土壤水分过高过低，缺肥时有利于病害的发生。

四、防控措施

由于目前还没有有效的化学控制方法，缺乏抗病品种，因此该病的控制仅依靠于农艺措施的改善。

1. 播前处理

首先选用健康的种薯。耕种前需清理掉田间的病残体，进行土壤深耕，能减轻病害发生。

2. 实行轮作

病菌在土壤中可以存活长达 13 年，因此需要较长的轮作时间以减少病菌压力，避免与番茄、胡椒、茄子等作物轮作，最好与谷物类作物实施轮作最少 5 年以上。

3. 收获处理

收获前避免高温，收获期间尽量避免块茎擦伤或挤伤，皮较薄的品种和后熟的品种易受该病菌的侵染。贮藏前的 2 周，将马铃薯进行适当干燥，尤其当马铃薯收获季节环境湿度较大时能够较有效控制病害的发生。

主要参考文献

陈慧，薛玉凤，蒙美莲，等. 2016. 内蒙古马铃薯枯萎病病原菌鉴定及其生物学特性. 中国马铃薯，30（4）：226-233

陈军，王久恩，王召阳，等. 2016. 氟啶胺和菌剂对马铃薯粉痂病的防治效果. 马铃薯产业与中国式主食，哈尔滨：哈尔滨地图出版社

陈万利. 2012. 马铃薯黑痣病的研究进展，中国马铃薯，（1）：49-51

陈雯廷. 2014. 马铃薯黑痣病综合防控技术的研究与集成. 内蒙古农业大学硕士学位论文

陈彦云. 2007. 宁夏西吉县马铃薯贮藏期病害调查及药剂防治研究. 耕作与栽培，3：15-16

成兰芳. 2011. 甘肃马铃薯晚疫病菌生理小种鉴定及 EST-SSR 多样性分析. 甘肃农业大学硕士学位论文

戴启洲. 2012. 马铃薯黑痣病发病规律及综合防治. 中国蔬菜，（15）：31-32

丁海滨，卢杨，邓禄军. 2006. 马铃薯晚疫病发病机理及防治措施. 贵州农业科学，34（5）：76-81

董金皋. 2010. 农业植物病理学. 2 版. 北京：中国农业出版社

郭梅，César Vincent，闵凡祥，等. 2015. 黑龙江省发现马铃薯晚疫病菌（*Phytophthora infestans*）A2 交配型. 中国马铃薯，29（3）：171-174

何凯，杨水英，黄振霖，等. 2012. 马铃薯早疫病菌的分离鉴定和生物学特性研究. 中国蔬菜，（12）：72-77

何苏琴，金秀琳，魏周全，等. 2004. 甘肃省定西地区马铃薯块茎干腐病病原真菌的分离鉴定. 云南农业大学学报，19（5）：550-552

胡同乐，曹克强. 2010. 马铃薯晚疫病预警技术发展历史与现状. 中国马铃薯，24（2）：
　　114-119

李继平. 2013. 甘肃马铃薯晚疫病菌群体结构及病害治理技术研究. 甘肃农业大学博士学位
　　论文

李莉，曹静，杨靖芸，等. 2013. 马铃薯黑痣病发生规律与综合防治措施. 西北园艺：蔬菜
　　专刊，（5）：51-52

李微. 2015. 黑龙江省马铃薯晚疫病菌群体结构的研究. 东北农业大学硕士学位论文

李晓妮，徐娜娜，于金凤. 2014. 中国北方马铃薯黑痣病立枯丝核菌的融合群鉴定. 菌物学
　　报，3：584-593

李秀江，龙立新，张永妹，等. 2014. 迪庆州高寒坝区马铃薯粉痂病防治试验. 云南农业科
　　技，（1）：6-8

梁伟伶. 2009. 马铃薯对早疫病抗性机制及化学防治研究. 黑龙江八一农垦大学硕士学位论文

林传光，黄河，王高才，等. 1995. 马铃薯晚疫病的田间动态观察与防治试验. 植物病理学
　　报，1（1）：31-44

刘宝玉，胡俊，蒙美莲，等. 2011. 马铃薯黑痣病病原菌分子鉴定及其生物学特性. 植物保护
　　学报，38（4）：379-380

刘会梅，王向军，封立平. 2007. 马铃薯炭疽病研究进展. 植物检疫，21（1）：38-42

刘霞，冯蕊，高达芳，等. 2016. 云南省马铃薯黑痣病病原菌融合群鉴定及8种药剂对其的
　　毒力. 植物保护，42（02）：165-170

刘霞，胡先奇，杨艳丽. 2014. 马铃薯粉痂菌诱饵植物筛选及环境对病害发生的影响. 中国
　　马铃薯，28（1）：40-47

刘霞，杨艳丽，罗文富. 2005. 云南马铃薯粉痂病发生情况初步研究. 中国菌物学会北海联
　　合年会论文集：147-148

刘霞，杨艳丽，罗文富. 2007. 云南马铃薯粉痂病病原研究. 植物保护，33（1）：110-113

刘秀丽. 2014. 马铃薯晚疫病、环腐病和青枯病同步分子检测技术的研究. 甘肃农业大学硕
　　士学位论文

路小琴. 2014. 马铃薯黑痣病病原菌的分离鉴定及病原菌粗毒素致病机理初探. 甘肃农业大
　　学硕士学位论文

马志伟. 2015. 倒茬作物巧系分泌物对马铃薯枯萎病菌的影响. 内蒙古农业大学硕士学位论文

闵凡祥，王晓丹，胡林双，等. 2010. 黑龙江省马铃薯干腐病菌种类鉴定及致病性. 植物保
　　护，36（4）：112-115

缪云琴. 2014. 云南省马铃薯晚疫病菌群体遗传结构及其有性生殖特点. 云南师范大学硕士
　　学位论文

裴强，冉红，袁明兹. 1999. 渝东部山区马铃薯晚疫病发生危害状况及防治对策. 植物医生，
　　（5）：9-11

彭学文. 2003. 河北省马铃薯病害调查及主要真菌病害研究. 河北农业大学硕士学位论文

彭学文，朱杰华. 2008. 河北省马铃薯真菌病害种类及分布. 中国马铃薯，22（1）：31-33

邱广伟. 2009. 马铃薯黑痣病的发生与防治. 农业科技通讯，（6）：133-134

任向宇. 2011. 马铃薯干腐病田间及贮藏期化学防治效果和致病菌抗药性测定研究. 内蒙古大学硕士学位论文

田琴. 2012. 马铃薯早疫病危害损失评估与化学防治技术的研究. 河北农业大学硕士学位论文

田晓燕. 2011. 马铃薯黑痣病菌菌丝融合群鉴定及其致病力的测定. 内蒙古农业大学硕士学位论文

王春笛, 杨素祥, 郝大海, 等. 2010. 马铃薯晚疫病菌交配型研究概述. 安徽农学通报, 16 (13): 56-60

王定和. 2012. 植物病原卵菌 RXLR 效应蛋白 Avrlb 的毒性功能研究. 西北农林科技大学硕士学位论文

王东岳, 刘霞, 杨艳丽, 等. 2014. 云南省马铃薯黑痣病大田发生情况及防控试验. 中国马铃薯, (4): 225-229

王丽丽, 日孜旺古丽, 苏皮, 等. 2011. 乌昌地区马铃薯真菌性病害种类及 5 种新纪录. 新疆农业科学, 48 (2): 266-270

王利亚, 杨艳丽, 刘霞, 等. 2012. 不同马铃薯品种对粉痂病的抗性研究. 河南农业科学, 41 (1): 109-111, 115

王玉琴, 杨成德, 陈秀蓉, 等. 2014. 甘肃省马铃薯枯萎病（*Fusarium avenaceum*）鉴定及其病原生物学特性. 植物保护, 40 (1): 48-53

魏巍, 朱杰华, 张宏磊, 等. 2013. 河北和内蒙古马铃薯干腐病菌种类鉴定. 植物保护学报, 40 (4): 296-300

魏周全, 陈爱昌, 骆得功, 等. 2012. 甘肃省马铃薯炭疽病病原分离与鉴定. 植物保护, 38 (3): 113-115

谢联辉. 普通植物病理学. 北京: 科学出版社, 2006

杨成德, 陈秀蓉, 姜红霞, 等. 2013. 马铃薯炭疽病菌的生物学特性及培养性状研究. 植物保护, 39 (4): 40-45

杨春, 杜珍, 齐海英. 2014. 马铃薯黑痣病防控研究. 现代农业科技, (13): 119-121

杨根华, 周道芬. 2001. 云南省丝核菌种群分类及其分布. 云南农业大学学报, 16 (3): 170-172

杨继峰. 2010. 内蒙古西部地区马铃薯晚疫病菌交配型分布及拮抗菌的筛选和鉴定. 内蒙古农业大学硕士学位论文

杨丽娜, 段国华, 覃雁瑜, 等. 2016. 2012 年云南省会泽县马铃薯晚疫病菌小种结构分析. 热带作物学报, 37 (1): 158-163

杨芮, 方治国, 詹家绥, 等. 2014. 马铃薯晚疫病病菌在贵州和云南的交配型分布与卵孢子生物学特性分析. 江苏农业科学, 42 (7): 122-124

杨胜先, 张绍荣, 龙国, 等. 2015. 贵州省马铃薯晚疫病菌生理小种的组成与分布. 南方农业学报, 46 (4): 597-601

杨素祥. 2006. 云南马铃薯晚疫病菌群体的遗传多样性研究. 云南师范大学硕士学位论文

杨艳丽, 罗文富, 国立耕. 2001. 云南马铃薯晚疫病菌生理小种的研究. 植物保护, 27 (4): 3-5

杨艳丽，王利亚，罗文富，等. 2007. 马铃薯粉痂病综合防治技术初探. 植物保护，33（3）：118-121

张春艳，杨志辉，王宇，等. 2014. 内蒙古马铃薯黑痣病菌融合群的测定与分析. 植物保护学报，41（4）：411-414

张国宝，朱杰华，彭学文. 2004. 河北省部分地区马铃薯晚疫病菌生理小种鉴定. 河北农业大学学报，27（1）：77-78

张志铭，李玉琴，田世明，等. 1996. 中国发生马铃薯晚疫病菌（Phytophthora infestans）A2交配型. 河北农业大学学报，19（4）：64-65

赵志坚，王淑芬，李成云，等. 2001. 云南省马铃薯晚疫病菌交配型分布及发生频率. 西南农业学报，14（4）：58-60

郑寰宇. 2010. 马铃薯早疫病菌生物学特性及致病力分化的研究. 黑龙江八一农垦大学硕士学位论文

郑慧慧，王泰云，赵娟，等. 2013. 马铃薯早疫病研究进展及其综合防治. 中国植保导刊，33（1）：18

周岱超. 2014. 马铃薯早疫病季节流行动态及病原菌侵染关键天气条件. 河北农业大学硕士学位论文

朱杰华，杨志辉，邵铁梅，等. 2003. 中国部分地区马铃薯晚疫病菌生理小种的组成及分布. 中国农业科学，36（2）：169-172

朱杰华，张志铭，李玉琴. 2000. 马铃薯晚疫病菌（Phytophthora infestans）A2交配型的分布. 植物病理学报，34（4）：56-60

Falloon R E. 2008. Control of powdery scab of potato: towards integrated disease management. American Journal of Potato Research, 85: 253-260

Hamidullah J, Hidalgo O A, Muhammad A, et al. 2002. Effect of seed or soil treatments with fungicides on the control of powdery scab of potato. Asian Journal of Plant Sciences, 1 (4): 454-455

Merz U, Flloon R E. 2008. Review: powdery scab of potato-increased knowledge of pathogen biology and disease epidemiology for effective disease management. Potato Research, 52: 17-37

第二章 马铃薯原核生物病害

原核生物（prokaryotes）是由原核细胞组成的生物，没有成形细胞核或线粒体，包括蓝细菌、细菌（放线菌）、螺旋体、植原体等。原核生物仍拥有细胞的基本构造并含有细胞质、细胞壁、细胞膜及鞭毛。原核生物极小，用肉眼看不到，须在显微镜下观察。多数原核生物为水生，它们能在水下进行有氧呼吸，是地球上最初产生的单细胞生物。

本章主要介绍由原核生物细菌放线菌和植原体引起的马铃薯病害。

第一节 马铃薯细菌性病害

植物的病原细菌基本是杆状菌，大多数具有一至数根鞭毛，可通过自然孔口（气孔、皮孔、水孔等）和伤口侵入，借流水、雨水、昆虫等传播，在病残体、种子、土壤中过冬，在高温、高湿条件下容易发病。细菌性病害症状表现为萎蔫、腐烂、穿孔等。马铃薯细菌性病害有马铃薯青枯病、环腐病和黑胫病等。

一、马铃薯青枯病

马铃薯青枯病是世界热带、亚热带和温带地区作物的最重要而且分布广泛的细菌性病害之一，甚至已经在冷凉地区被发现。青枯病菌在 1896 年由 E. F. Smith 定名为 *Bacillus solanacearum*。1914 年将 E. F. Smith 青枯菌划分到假单胞菌属（*Psendomonas*）中。Yabuuchi 等通过深入研究，依据表型特征、细胞脂类、脂肪酸组成、rRNA-DNA 同源性和 16S rRNA 序列分析结果，1995 年成立 *Ralstonia* 属，将青枯菌正式收入该属中，正式命名为 *Ralstonia solanacearum*。有的青枯菌菌系已适应了较凉爽温和的气候条件，可由潜伏侵染的薯块传播，例如 20 世纪 70 年代，3 号小种就已分布到较冷凉的、纬度较高的地区（南纬 45° 和北纬 59°）。青枯病菌传播较快，仅仅在二十年间，就从巴西南部传播到乌拉圭、阿根廷、智利和玻利维亚等地。在热带和亚热带的低地，青枯病菌 3 号小种生化变种 Ⅱ-A 菌系由土壤传播，寄主范围很广。在安第斯山脉东部，有生化变种 Ⅰ，但尚未确定小种，寄主范围很广但致病性弱，在非洲也有发现。

在我国，20世纪60年代前，仅有零星的关于该病害的报道，70年代以来，危害明显加重，病区不断扩大，在南至广东、北至辽宁的地区均发现该病害，包括长江流域的四川、湖南、湖北，西南地区的贵州、云南，华南的广东、福建和台湾，以及上海、安徽、河南、山东、江苏、辽宁南部、河北、浙江、江西、北京、天津等。何云昆等通过对云南省马铃薯产区青枯菌生物型的研究，报道云南省马铃薯上存在的青枯菌系主要有3个生物型，即生物型3、生物型5和一个新生物型，其中生物型3和新生物型为主要菌系，并首次发现云南马铃薯青枯菌存在复合侵染的现象，即：不同生物型的青枯菌菌株侵染同一株马铃薯。该新生物型与郑继法等报道的山东省马铃薯青枯菌新生物型一致，主要分布于宣威、曲靖、昆明等地；生物型3的青枯菌菌株分布广泛，曲靖、宣威、江川、峨山、昆明等地均有存在；而生物型5则主要分布于宣威和开远。由此可见，云南省各地青枯菌系组成复杂，同一产区相同栽培品种可被两个不同的生物型侵染。黄琼等采用三糖三醇生理生化测定及 *Ralstonia Solancearum* 的亚组特异性引物（Rs-1-F、Rs-1-R、Rs-3-R）PCR扩增进行验证，分析了云南省不同地区、不同种植模式下马铃薯青枯菌生物型的分布特点，并利用NC-ELISA方法对云南省马铃薯主要产区的主栽品种进行种薯带菌的快速检测。结果表明云南省马铃薯青枯菌存在四种生物型，供试的大部分菌株属于新生物型（122/186）和生物型3（52/186），少数菌株属于生物型2（7/186）和生物型5（5/186），这与国外主要以小种3生物型2为主不同，较何云昆检测结果增加了生物型2。用传统方法鉴定出的新生物型在特异性扩增中属于亚组1，首次将新生物型归到亚组1，它与生物型3、4、5的亲缘关系比与生物型1、2、N2更近。NC-ELISA检测结果发现寻甸县的24个样品中11个带菌，宣威市的17个样品中10个带菌，来自昭通市的所有样品都不带菌。其中马铃薯主要产区的主栽品种的青枯病的潜在感染量较大，所以加大品种带菌的检测对于青枯病的防治具有重要意义。

青枯病造成的损失随着气候温度的增高而加重。在冷凉气候条件下由土壤传播造成的损失为10%左右，在温暖或炎热气候时为25%左右，而由薯块传播的可达30%～100%。土壤温度冷凉时，可由于种植被侵染的薯块造成潜伏侵染，在布隆迪，温暖的温度一般导致30%～50%的产量损失，但在冷凉地区繁种时，损失可达87%。

（一）症状

青枯病菌主要侵染马铃薯茎及块茎。感病初期，只有植株的一部分（叶片的一边或者一个分支）发生萎蔫，而其他部位正常，随着感病时间延长，萎蔫部位扩大；发病初期萎蔫部位早晚能恢复正常，持续一段时间后，整个植株茎叶完全萎蔫死亡，但是植株仍为绿色，叶片不凋落，叶脉变褐。马铃薯块茎染病后，薯块芽眼呈灰褐色水浸状，切开的薯块可观察到维管束部位流出乳白色菌脓，但薯皮不从维管束处分离；发病严重时薯块髓部溃烂如泥，当土壤湿度大时，可看到灰白色液体渗透到芽眼或块茎顶部末端（图2-1）。

图2-1　马铃薯青枯病症状

扫一扫看彩图

（二）病原

病原物为茄科雷尔氏菌（*Ralstonia solanacearum*），假单胞菌。菌体杆状，两端钝圆，大小为（0.9～2）μm×（0.5～0.8）μm，有一至多根单极生鞭毛，能在水中游动，细菌呈好气性，革兰氏染色阴性。该菌生长的温度范围为18～37℃，最适温度30～35℃，致死温度为52℃ 10min，生长的pH为4～8，最适为6.6。在培养基上，菌落为圆形，稍隆起，在反射光下呈白色。在氯化三苯四氮唑（triphenyl tetrazolium chloride，TTC）培养基上，菌落中央呈粉红色，周围白色流动性较强（图2-2）。

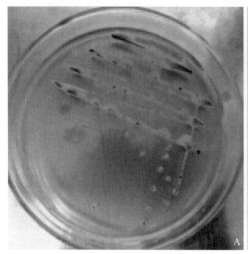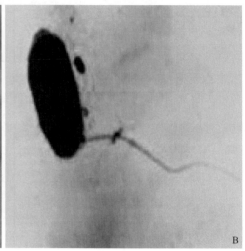

扫一扫看彩图

图 2-2　马铃薯青枯病菌培养性状（黄琼提供照片）
A. 青枯菌在 TTC 培养基的菌落特征；B. 青枯菌菌体形态

（三）发生及流行规律

病菌在 10~40℃均可发育，适温 25~37℃，pH6.0~8.0，最适 pH 为 6.6。田间调查表明：种薯带菌、土壤连作带菌是青枯病发生的重要条件，高温高湿，尤其初夏大雨后骤晴，排水不利，钾肥不足，利于病害流行。

病菌随寄主病残体遗留在土壤中越冬。若无寄主也可在土壤中存活 14 个月，最长可达 6 年之久。病菌通过雨水、灌溉水、地下害虫、操作工具等传播。多从寄主根部或茎基部皮孔和伤口侵入。前期属于潜伏状态，条件适宜时，即可在维管束内迅速繁殖。并沿导管向上扩展，致使导管堵塞，进一步侵入邻近的薄壁细胞组织，使整个输导管被破坏而失去功能。茎、叶因得不到水分的供应而萎蔫。

土壤温度为 20℃时病菌开始活动，土温达 25℃时病菌活动旺盛，土壤含水量达 25% 以上时有利病菌侵入。

（四）防治措施

1. 选用无病种薯

选用健康小整薯播种能避免病害的发生。带病种薯是青枯菌远距离传播的主要途径，病薯播种后随着适宜温湿度而发病。块茎上的青枯菌可随雨水、灌溉水进入土壤中并长期存活，导致下季马铃薯受侵染，因此要杜绝播种带菌种薯。

2. 轮作

与非茄科作物轮作 3～4 年，特别与水稻进行水旱轮作效果最好。

3. 加强管理

选土层深厚、透气性好的沙壤土或壤土，施入腐熟有机肥和钾肥，控制土壤含水量。种薯播种前杀菌消毒和催芽，大薯切块后用杀菌剂拌种；播种前对种薯进行催芽以淘汰出芽缓慢细弱的病薯以减少发病。田间中耕不要伤根，发现病株及时浇泼药剂或石灰水，防止病害传播。

4. 药剂防治

发病初期选用 1∶1∶240 倍波尔多液喷雾，也可用消菌灵 1200 倍液、碱式硫酸铜、春雷霉素灌根，每隔 7～10d 施药 1 次，对延缓病害的发生有良好的效果。

二、马铃薯环腐病

马铃薯环腐病是由密执安棒形杆菌环腐亚种［*Clavibacter michiganensis* subsp. *sepedonicum*（Spieckermann & Kotthoff）Davi］引起的一种危害输导组织的细菌性病害。1906 年首先发现于德国，目前在欧洲、北美洲、南美洲及亚洲的部分国家均有发生。在我国，该病于 20 世纪 50 年代在黑龙江最先发现，60 年代在青海、北京等地发生，目前遍及全国各地的马铃薯产区，其中以 70 年代前期为害最为猖獗。

马铃薯环腐病的发病率一般为 2%～5%，严重的可达 40%～50%，产量损失率为 3%～68%。马铃薯被环腐菌为害后，常造成马铃薯烂种、死苗、死株，一般减产 10%～20%，重者达 30%，个别可减产 60% 以上，储藏期间病情发展造成烂窖。

（一）症状

环腐病菌可引起马铃薯地上部分茎叶萎蔫，地下块茎发生环状腐烂。一般情况下在开花期表现出症状，先从下部叶片开始，逐渐向上发展到全株。冬作区发病较早，苗期即可显症。发病初期叶脉间褪绿，逐渐变黄，叶片边缘由黄变枯，向上卷曲，常出现部分枝叶萎蔫。发病较晚时，株高和长势无明显变化，仅收获前萎蔫。从薯皮外观不易区分病、健薯，病薯仅在脐部皱缩凹陷变褐色，在薯块横切面上可看到维管束变黄褐色，有时轻度腐烂，用手挤压，有黄色菌脓溢出，无气味。发病轻的病薯只部分维管束变色，切面呈半环状或仅在脐部稍有病变；感染严重的薯块，因受到其他腐生菌的感染，可使维管束变色而腐烂，用手挤压时，皮层和髓即可分离（图 2-3）。

马铃薯青枯病和黑胫病都是细菌性病害，与本病有相似之处。青枯病多发在南方，病叶无黄色斑驳，不上卷，迅速萎蔫死亡，病薯的皮层和髓部不分离。

扫一扫看彩图

图 2-3　马铃薯环腐病症状

图 2-3 （续）

黑胫病虽然在北方也有发生，但病薯无明显的维管束环状变褐，也无空环状空洞。此外，这两种菌都是革兰氏阴性菌。

（二）病原

病原为密执安棒形杆菌环腐亚种［*Clavibacter michiganensis* subsp. *sepedonicum*（Spieckermann & Kotthoff）Davis］，属原核生物界厚壁菌门细菌，菌体杆状，有的近圆形，有的棒状，平均长度为 0.8～1.2μm，直径为 0.4～0.6μm。若以新鲜培养物制片，在显微镜下可观察到相连的呈 V 形、L 形和 Y 形的菌体，不产生芽孢，无荚膜，无鞭毛，革兰氏染色为阳性（图 2-4）。其基因组全序列已经测出，整个基因组由一个大的环形染色体（3 258 645bp）和一个线性质粒 pSCL1（94 603bp）、一个环形质粒 pSC1（50 350bp）组成，而环腐病菌的致病性与质粒有关。

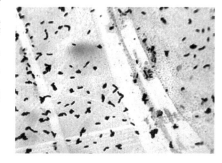

图 2-4　马铃薯环腐病菌革兰氏染色阳性菌形态

（三）发生及流行规律

病菌主要在种薯内越冬或越夏，种薯带菌和切刀传染是发病的主要侵染源，阴雨连绵、排水不良及地下害虫为害重的地块发病重。该病菌在土壤中存活时间很短，土壤带菌传病可能性不大。该病菌主要从伤口侵入，贮藏期的碰伤和播种前切块时的伤口是主要传播途径。病薯播种后，在薯块萌发、幼苗出土的同时，环腐病菌从薯块维管束蔓延到芽的维管束组织中，随着茎叶的形成，病菌在植株体内系统侵染，由病茎至茎秆、叶柄，然后造成地上部萎蔫。同时地下部的病菌也顺着维管束侵入匍匐茎，再扩展到新形成的薯块的维管束组织中，导致环腐病发生。

马铃薯环腐病流行的主要环境因素是土壤温度，病害发生最适土壤温度为19～23℃，当土壤温度在16℃以下病害症状出现较少，当土壤温度超过31℃时，病害发生受到抑制。贮藏期的温度对病害也有一定影响，在高温（20℃以上）条件下贮藏比低温（1～3℃）条件下贮藏发病率要高得多。播种期、收获期与发病也有明显关系，播种早发病重，收获早发病轻。收获时病薯和健薯接触也可传染。

（四）防治措施

1. 从无病区调种，加强检疫

马铃薯调种时必须进行产地调查，种薯检验，确实无病，才可调运。同时加大脱毒马铃薯推广力度，从根本上解决种薯带菌的问题。

2. 选用抗病品种，主要是建立无病留种田

在留种田中采用单株优选，整薯播种。挖除病株，单收单藏，防止混杂。

3. 切刀消毒，切脐部检查，淘汰病薯

将薯块从脐部切开，淘汰有病状或可疑病状的薯块，切刀立即用75%乙醇或40%甲醛擦刀消毒后再切，没有药品也可用开水煮刀或用火烧刀消毒。

4. 芽栽

马铃薯播种前10～15d，选择背风向阳墒情好的地块，翻耕磨细，施足底肥，把选好的整薯按株距3～6cm，行距15～25cm，顶芽朝上，倾斜摆入沟中，上面覆土厚6～10cm，芽长到10cm左右，带根掰芽，栽植于大田中。

5. 整薯播种

在马铃薯收获时，选50～75g的无病小整薯作种薯，保存留种。

6. 土沟薄膜催芽晒种，淘汰病薯

在播种前25d左右，挖深45cm、宽1.0～1.3m的土沟，沟底铺草厚10～12cm，上堆种薯3～4层，盖上塑料薄膜，保持在17～25℃下催芽7d左右。当

幼芽长至火柴头大时，白天揭开薄膜晒种，夜间盖草帘防冻，待幼芽紫绿时，可切脐部检查，淘汰病薯，然后再切薯播种。

7. 挖除病株

为了彻底切断环腐病的传播途径，在生长期和成株期2次挖除病株，以成株期为最重要。挖出的病株、病薯要进行集中处理销毁。

8. 种薯处理

可用生物菌剂或药剂拌种。

三、马铃薯黑胫病

马铃薯黑胫病是种薯传播的细菌性病害之一，严重影响马铃薯产量和种薯质量。其典型的症状为茎基部变黑，因此又被称为黑脚病。近年来，马铃薯黑胫病在各个马铃薯产区都有不同程度的发生，田间损失率轻则2%～5%，严重时可达30%～50%，且东北、西北主栽培区常有发生。在田间可以造成缺苗断垄及块茎腐烂的症状，植株出苗后一星期即可见到症状，直至马铃薯植株成熟枯死前都会陆续出现病株，其中以开花后的半个月出现较多。早发病植株，不能结薯，发病晚的病株结薯较小。该病害是以种薯带菌为主、发病快、死亡率高、得病后治疗困难，导致马铃薯减产，并造成马铃薯的品质和商品率大幅下降，经济损失较为严重。

（一）症状

植株和块茎均可感染。病株生长缓慢，矮小直立，茎叶逐渐变黄，顶部叶片向中脉卷曲，有时萎蔫。靠地面的茎基部变黑腐烂，皮层髓部均发黑，表皮组织破裂，根系极不发达，发生水渍状腐烂。有黏液和臭味，植株很容易从土壤中拔出（图2-5）。

典型的症状是腐烂，块茎的软腐可以扩展到块茎的一部分或者整薯。感病薯块起初表皮脐部变黑色，或有很小的黑斑点，随着病菌在维管束的扩展蔓延，病变由脐部向块茎内部扩展，形成放射性黑色腐烂。严重时薯块烂成空腔，轻者只是脐部变色，甚至看不出症状，薯块也不全有病。纵剖块茎可看到病薯的病部和健部分界明显，病变组织柔软，常形成黑色孔洞。感病重的薯块，在田间就已经腐烂，发出难闻的气味。病症轻的，只脐部呈很小的黑斑。有时能看到薯块切面维管束呈黑色小点状或断线状。而感病最轻的，病薯内部无明显症状，这种病薯往往是病害发生的初侵染源。土壤带菌的田块细菌随雨水飞溅至

图 2-5　马铃薯黑胫病症状

健康植株的茎秆，导致地上部茎秆腐烂变黑，叶片因营养缺失而变黄萎蔫。旱旱轮作田块发病严重。

（二）病原物

马铃薯黑胫病菌是由（*Erwinia Carotovora* var *atroseptics*）胡萝卜软腐欧文氏菌马铃薯黑胫病菌亚种，属变形菌门（Proteobacteria），γ-变形菌纲（Gamma proteobacteria），肠杆菌目（Enterobacteriales），肠杆菌科（Enterobacteriaceae），果胶杆菌属（*Pectobacterium*）。马铃薯黑胫病菌是一种革兰氏染色阴性致病菌，菌体短杆状，单细胞，极少双连，周生鞭毛，具荚膜，大小（1.3～1.9）μm×（0.53～0.6）μm，能发酵葡萄糖产出气体，菌落微凸乳白色，边缘齐整圆形，半透明反光，质黏稠。在牛肉膏蛋白胨培养基上形成乳白色至灰白色菌落，圆形、光滑、边缘整齐、稍凸起、质地黏稠。适宜生长温度范围是 10～38℃，最适为 25～27℃，高于 45℃会失去活力。寄主范围极广，除为害马铃薯外，还能侵染茄科、葫芦科、豆科和藜科等 100 多种植物。

（三）流行规律

1. 传播途径

黑胫病的初侵染源是带菌种薯，土壤带菌，旱旱轮作田块土壤带菌严重。带菌种薯播种后，在适宜条件下，细菌沿维管束侵染块茎幼芽，随着植株生长，侵入根、茎、匍匐茎和新结块茎。并从维管束向四周扩展，侵入附近薄壁组织的细胞间隙，分泌果胶酶溶解细胞的中胶层，使细胞离析，组织解体，呈腐烂状。田间病菌还可通过灌溉水、雨水或昆虫传播，经伤口侵入致病，后期病株上的病菌又从地上茎通过匍匐茎传到新长出的块茎上。贮藏期病菌通过病健薯接触经伤口或皮孔侵入使健薯染病。

2. 发生条件

病害发生程度与温度湿度有密切关系。在北方，气温较高时发病重，窖藏期间，窖内通风不良，高温高湿有利于细菌繁殖和为害，往往造成大量烂薯。黏重而排水不良的土壤对发病有利，黏重土壤往往土温低，植株生长缓慢，不利于寄主组织木栓化的形成，降低了抗侵入的能力，同时黏重土壤往往含水量大，有利于细菌繁殖、传播和侵入，所以发病严重。播种前，种薯切块堆放在一起，不利于切面伤口迅速形成木栓层，使发病率增高。

（四）防控措施

1. 选用抗病品种，建立无病留种田，采用单株选优，芽栽或整薯播种做到催芽晒种，淘汰病薯。

2. 适时早播，注意排水，降低土壤湿度，提高地温，促进早出苗合理安排播种期，使幼苗生长期避开高温高湿天气。

3. 加强栽培管理

马铃薯田要开深沟、高畦，雨后及时清沟排水，降低田间湿度。科学施肥，施足基肥，控制氮肥用量，增施磷钾肥，增强植株抗病能力。及时培土，要进行 1～2 次高培土，防止薯块外露。

4. 药剂防治

发病初期可用 72% 农用链霉素、0.1% 硫酸铜溶液或氢氧化铜喷雾能显著减轻危害。

5. 拔除病株

幼苗出土后，要逐垄逐行进行检查，发现病株应及时拔除，拔完病株的空窝要用石灰消毒，挖掉的病株要带出田外深埋，以免再传染。

6. 贮藏管理

种薯入窖前要严格挑选，入窖后加强管理，窖温控制在 4℃左右，防止窖温过高，湿度过大。

7. 实行轮作

重茬会加重病害，实行 3～4 年的轮作就可以避免病菌感染，水旱轮作效果更好。

第二节　马铃薯放线菌病害

马铃薯疮痂病是人类较早发现的薯类病害之一，Thaxter 在 1891 年首次报道了该病。该病主要危害马铃薯块茎，在世界马铃薯种植区均有发生，韩国、德国、希腊、法国、印度、澳大利亚、匈牙利、波兰、朝鲜、荷兰、爱尔兰、挪威、美国和中国等多个国家均有发生病害报道。疮痂病严重影响马铃薯外观和品质，降低商品性，减少经济收入。

马铃薯疮痂病在我国发生危害普遍，而研究较少，八一农垦大学的金光辉、石河子大学的杜鹃、甘肃农业大学的康蓉、河北农业大学的赵伟全等人分别对黑龙江、新疆、甘肃和全国马铃薯疮痂病的病原进行了初步鉴定。目前，云南农业大学马铃薯病害研究团队对云南马铃薯疮痂病开展了初步研究。经过对全省的调查及研究发现，疮痂病已广泛分布于马铃薯主产区，包括昆明、大理、丽江、临沧、曲靖、宣威和昭通等，其中大田发病率在5%~20%，管理不当的原原种生产基地发病率高达80%以上。通过对不同地点、不同品种种薯的症状观察后发现，云南马铃薯疮痂病主要有3种症状类型：折皱疮痂（马铃薯块茎表皮呈现出大面积的浅层表皮组织病变平状病斑）、普通疮痂（块茎表皮凸起，质地粗糙）和块茎表皮形成很深的凹陷（类似于粉疱状）。对采集回来的病薯、土样进行分离培养后，得到35个菌株，经过分离性状培养及16S rDNA分析后，初步鉴定的链霉菌种类有：*Streptomyces anulatus*、*Streptomyces mediolani*、*Streptomyces scabiei*、*Streptomyces pluricolorscens*、*Streptomyces lividans* 和 *Streptomyces albulus*。

一、症状

马铃薯疮痂病主要危害块茎，病原菌从皮孔侵入，初期在块茎表皮产生褐色斑点，以后逐渐扩大，侵染点周围的组织坏死，组织木栓化使病部表皮粗糙，开裂后病斑边缘隆起，中央凹陷，呈疮痂状，病斑仅限于皮部，不深入薯内。依据病斑在块茎表面的凹陷程度病斑又可分为凹状病斑，平状病斑，凸状病斑。病斑从褐色到黑色，颜色多变，形态不一，可以在皮孔周围形成小的软木塞状的突起，也可以形成深的凹陷，深度可达7mm。发病的严重程度因品种、地块、年份的不同而不同，病斑的大小和深度也因致病菌种、品种的感病程度、环境条件的不同而不同，严重时病斑连片，严重降低块茎的外观品质，影响销售（图2-6）。

疮痂病菌除侵染马铃薯薯块外，还会危害甘薯、萝卜、胡萝卜、甜菜、芸薹等作物的块根，有的能侵染马铃薯的根，病斑木栓化呈根肿状。

二、病原

马铃薯疮痂病的病原是链霉菌（*Streptomyces* spp.），属于放线菌门，放线菌纲，放线菌科，链霉菌属，是放线菌中唯一能引起植物病害的属。在水琼脂培养

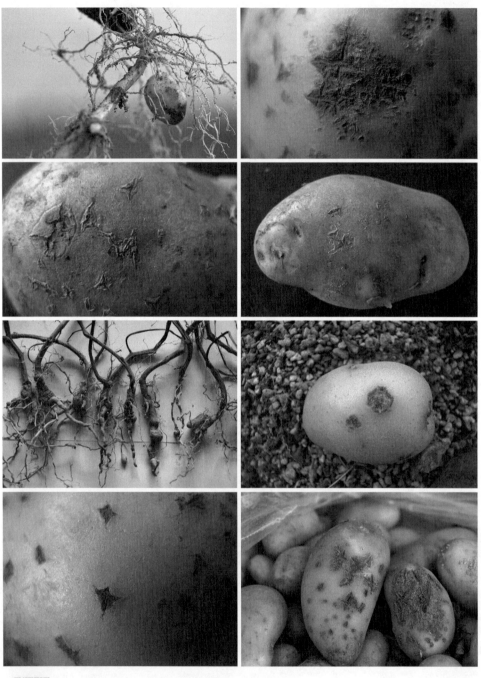

图 2-6　马铃薯疮痂病症状

图 2-6　（续）

基上，菌落圆形，紧密，菌落呈放射状，多为灰白色，菌体丝状，纤细，一般无隔膜，菌丝直径约 0.4～1.0μm，细胞结构与典型细菌相同，无细胞核，细胞壁由肽聚糖组成。菌丝体分为基内菌丝和气生菌丝（产孢丝）两种，在气生菌丝顶端产生链球状或螺旋状的分生孢子，孢子的形态色泽因种而异。菌丝可产生不同颜色的色素，是鉴定该菌种的一个重要依据。孢子丝的形状多样，有直线形、波浪形、螺旋形；孢子丝可以产生孢子，孢子有圆形、椭圆形、杆状等（图 2-7）。

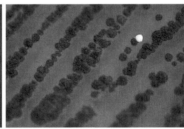
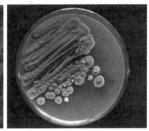

图 2-7　马铃薯疮痂病病原菌

　　目前已知病原菌有链霉菌属 26 个种，分别为 *S. scabies*、*S. acidiscabies*、*S. bobili*、*S. turgidiscabies*、*S. diastatochromogenes*、*S. setonii*、*S. enissocaesilis*、*S. griseus*、*S. europaeiscabiei*、*S. violaceus*、*S. aureofaciens*、*S. reticuliscabiei*、*S. corchorusii*、*S. diastatochromogenes*、*S. atroolivaceous*、*S. rocbei*、*S. lydicus*、*S. resistomycificus*、*S. cinerochromogenes*、*S. caviscabies*、*S. albidoflavus*、*S. luridiscabiei*、*S. puniciscabiei*、*S. exofoliatus*、*S. niveiscabiei* 和 *S. flaveolus* 共 26 个种。

　　链霉菌产生的毒素是马铃薯疮痂病菌的主要致病因子，1926 年以来很多研究者推断 S. scabies 引起的马铃薯疮痂病的病菌中含有致病毒素，直到 1989 年，该毒素才被分离和鉴定，并且在马铃薯的薯块上产生了疮痂病的症状；用正向和反向薄层层析相结合的方法，从致病性菌株的培养滤液中分离到两种活性物质，其中 A 组分含有 4- 硝基色氨酸和 α- 羟基酪氨酸，B 组分含有 4- 硝基色氨酸和 α- 羟基苯丙氨酸。King 等对这 23 个菌株和 5 个 ATCC 菌株的分析表明，链霉菌致病性的强弱与在薯片上产生毒素的能力呈正相关，证明了毒素在致病过程中的重要性。通过进一步的分析，发现大多数致病菌株都能产生该致病毒素。研究中报道已从接种 S. scabies 的马铃薯片和燕麦片液体培养基中分离纯化出 5 种毒素成分。研究表明在培养基上也可以诱导致病菌株产生毒素，更有利于毒素成分的纯化和毒素生物合成。目前从疮痂链霉菌中分离到的毒素有 Thaxtomin A 和 Thaxtomin B。Thaxtomin A 是从马铃薯块茎病斑上分离的 S. acidiscabies 和 S. scabies 中提取到。Fey 和 Loria 以及 Scheible 等人发现 Thaxtomin A 可以诱导并增殖马铃薯等植物组织的细胞，通过抑制纤维素的合成而合成。后来发现马铃薯疮痂链霉菌诱导植物毒素和气生菌丝的形成，但是没有证明与 Thaxtomin A 的产生有关。链霉菌毒素的产生与毒力基因 nec1 在 S. acidiscabies、S. scabies 和 S. turgidiscabies 之间有很大的关系，还证明 ORFtnp-nec1 的位置与疮痂病链霉菌的致病性完全相同。赵伟全等人研究我国不同地区的马铃薯疮痂病菌产生的毒素时，发现致病菌株能够产生同一种毒素，而非致病性菌株不产生毒素，证明链霉菌的致病性与毒素的产生有密切的关系，毒素是疮痂病菌侵染过程中的主要致病因子。美国报道致病性链霉菌能够产生一种新的酯酶，补充锌还可以诱导该酯酶的表达。Raymer 等人从 S. scabies 上克隆出酯酶，该酯酶能都降解马铃薯表面的防护蜡而侵入到周皮。毒素对植物具有生长调节作用，当毒素浓度较高时杀死幼苗，而浓度较低时促进植物细胞的分裂。在马铃薯薯块上引起的凸起病斑主要是由于细胞增生导致，到侵染后期，高浓度的毒素使细胞死亡，病斑木栓化，随后木栓化的组织脱落导致深坑。因此，典型症状的形成过程中致病毒素可能起主要作用；但毒素不能破坏表皮已木质化的马铃薯，随着马铃薯的成熟，其对毒素的抵抗力增强，到马铃薯生长后期病菌便不能再侵染（图 2-7）。对于链霉菌来说，毒素是菌株具有致病性的重要标志，因此了解致病毒素对马铃薯生产有重要意义，还可以利用毒素来做马铃薯抗性评价，快捷筛选抗病品种。

三、发病因子

　　种薯带菌。种植过程中病菌常伴随种薯调运进入田块，采用商品薯作种薯的田块疮痂病发生严重。

土壤和病残体带菌。病菌在土壤中腐生或在病薯上越冬，块茎生长的早期表皮木栓化之前，病菌从皮孔或伤口侵入后染病。

土壤酸碱度。中性或偏碱性土壤容易发病，偏酸性土壤发病较轻，pH 值 5.2～8.6 有利于发病，pH 值 5.2 以下很少发病。

气候条件。马铃薯疮痂病在 10～30℃均可发病，云南省以 25～30℃最有利于发病，土壤湿度变化大，马铃薯的皮孔易打开，有利于病菌侵入，会明显加重病害发生。

栽培措施不当。种植密度过大或植株过高、施肥过量特别是氮肥过量，导致田间郁蔽，通风透光差，有利于放线菌生长。

四、防治措施

采用综合防治措施控制马铃薯疮痂病，主要有选育和利用抗病品种、合理灌溉、调节土壤 pH 值、改变土壤中矿质元素比例、使用杀菌剂和生物防治等。

1. 选育和栽培抗病品种

'Marcy'是一个对马铃薯疮痂病高抗的品种，已经在美国多个州推广使用。我国育种者选育的'川芋早'、'川芋 4 号'、'川芋 56'、'9201-1'、'中薯 3 号'、'丽薯 6 号'等品种较抗疮痂病。'陇薯 6 号'、'陇薯 7 号'、'陇薯 8 号'、'庄薯 3 号'和'青海大白花'对疮痂链霉菌有一定的抗性。

2. 农业防治

①实行轮作。马铃薯与十字花科作物轮作或与十字花科作物混作可有效抑制马铃薯疮痂病的发生，可以和苜蓿、大麦、大豆进行 3～4 年轮作，但是不能与块根类作物轮作。②增施酸性肥料。如施硫酸铵也可减轻病害发生。③保持土壤潮湿，尤其在块茎形成及膨大初期，块茎膨大期应始终保持土壤潮湿。

3. 化学防治

对于马铃薯疮痂病来说，药剂防治的最佳时期为块茎播前和结薯前期。进行种薯和土壤消毒。可以用 20% 辣根素水乳剂喷洒土壤，在用薄膜密闭覆盖一星期后再播种；或是用五氯硝基苯进行全面喷施；在结薯前期，用农用硫酸链霉素进行叶面喷施。

4. 生防制剂

目前对疮痂病原菌有一定的抑制作用的生物制剂有三种，分别是 *S. diastatoc-bromogenes* strain PonSS Ⅱ、*S. scabiei* strain PonR 和 *Streptomyces albidoflavus*。大田应用还需时日。

第三节　马铃薯植原体病害

植原体（phytoplasma），原称类菌原体（mycoplasma-like organism，MLO），是一类无细胞壁仅由膜包被的单细胞原核生物，专性寄生于植物的韧皮部，隶属于硬壁菌门，柔膜菌纲（又称软球菌纲），非固醇菌原体目，非固醇菌原体科，能够引起植物侵染性病害。由于病原具有可过滤性的特点，且流行病性质、传播方式等特点与病毒病害相似而曾经被认为是由病毒引起的病害。目前无法分离培养，对四环素族类抗生素敏感。

植原体适应性强，传播途径多样，寄主范围广泛，在世界范围内已使1000 多种植物发病。我国报道由植原体引起的病害多达 100 多种，其中一些给经济作物带来严重危害，如甘薯丛枝病植原体（sweet potato witches'broom phytoplasma）、槟榔黄化病（arecanut yellow leaf disease）、桑黄化型矮缩病（mulberry yellow dwarf disease）、枣疯病（jujube witches'broom）。国际上，加拿大、美国、墨西哥、哥伦比亚、俄罗斯、罗马尼亚、希腊等国家曾报道由植原体引起的马铃薯紫顶萎蔫病、丛枝病和翠菊黄化病。我国黑龙江、山东也报道有马铃薯丛枝病。

一、症状

通过叶蝉和木虱传播，也可通过菟丝子及嫁接传播，存在于植物韧皮部细胞和介体昆虫唾液腺及脂肪体内，能够引起寄主植物生长丛枝、巨芽、小叶、花变绿、花器变态、衰退、枯萎、黄化、矮化、簇顶等症状。

近年，在云南迪庆、德宏、丽江、昆明、曲靖、昭通等马铃薯产区不同品种上发现顶叶紫化卷叶、叶色较深、植株变僵硬、叶变小、叶腋及茎基部丛生细枝薯、部分植株叶腋处有气生薯、病株上生长许多小薯（图 2-8）。小薯无休眠期可直接发芽，丛生于母株周围。在迪庆，'格咱红皮'较易感病，其余地区'合作 88'、'会 -2'、'丽薯 6 号'、'云薯 401'上都有发现。

图 2-8 马铃薯植原体病害症状

扫一扫看彩图

二、病原

自 2007 年 Wei 等建立了植原体的分类体系以来，对已经公开的植原体 16S rRNA 基因 1.2kb 序列的模拟 RFLP 分析，将这些植原体分为 31 个组和 100 多个亚组。至少有 8 个组与马铃薯植原体病害相关：翠菊黄化组（aster yellows）16S r I 、花生丛枝组（peanut witches's broom）16S r II 、X 病组（X-disease group）16S r III 、三叶草增殖组（clover proliferation）16S r VI 、苹果增殖组（apple proliferation）16S r X 、顽固植原体组（stolbur）16S r XII 、墨西哥长春花变叶组（Mexican periwinkle virescence）16S r XIII 和马铃薯紫顶萎蔫组（Potato Purple top wilt）16S r XVIII 。

在中国，植原体引起的病害研究较少。先前有黑龙江及山东报道有马铃薯丛枝病，但没有对病原进行分子鉴定。2004 年以来，云南省农业科学院生物技术与种质资源研究所与阿拉斯加大学 Jenifer H McBeath 合作对云南、内蒙古、贵州的马铃薯植原体病害进行研究，用 PCR-RFLP 方法鉴定了病原种类，主要有翠菊黄化植原体组的亚组 16S r Ⅰ -B、三叶草增殖植原体组的亚组 16S rⅥ-A、顽固植原体组的亚组 16S rⅫ-E（草莓植原体候选株）及新亚组 16S rⅫ-I。新亚组 16S rⅫ-I 检出率占采集样品的 46%。研究结果表明，侵染马铃薯的植原体复杂呈多样性。

　　对植原体的检测虽然有电子显微镜、光学显微镜以及血清学技术，但通过 PCR 扩增高度保守的 16S rRNA 基因序列是最为简单、有效，且被普遍接受的方法。该方法以感病植株的 DNA 为模板，通过 nested PCR 扩增 16S rRNA 的 1.2kb 片段，用引物 R16mF2：5′-CATGCAAGTCGAACGGA-3′ 和 R16mR1：5′-CTTAACCCCAATCATCGAC-3′ 先扩增，再以扩增产物为模板，用引物 R16F2：5′-ACGACTGCTGCTAAGACTGG-3′ 和 R16R2：5′-TGACGGGCGGTGTG TACAAACCCCG-3′ 扩增获得，克隆测序后，用计算机模拟 RFLP 分析（图 2-9）。tuf 基因序列、rp 基因序列以及 secY 基因序列的同源性用于植原体候选属内的亚组的分类。植原体寄主广，能感染数百种植物，云南已在番茄、花生、苦楝、刀豆、花椰菜、豇豆、芒果、苜蓿、竹子、泡桐等植物上检测鉴定到植原体病害。

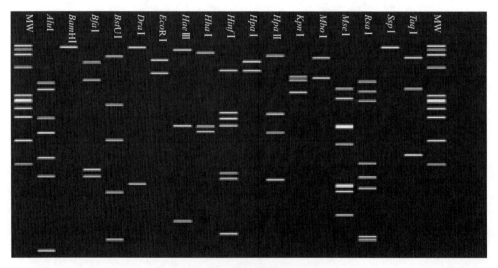

图 2-9　马铃薯植原体病害检测

三、发病因子

　　2005 年来对云南马铃薯植原体病害跟踪调查发现，马铃薯植原体病害在田间的发生特点更符合种薯带病情况，即普遍情况零星发生，但一些地块整片发生，周围地块无发生或零星发生，来年在附近地块跟踪调查也发现，使用脱毒种薯的情况下，无发生或零星发生。使用高代种薯的地块发病率高于脱毒种薯。

国内外已报道传播马铃薯植原体的叶蝉有长柄叶蝉（*Alebroides dravidanus*）、网室叶蝉（*orosius albicinctus*）、二点叶蝉（*Macrosteles fascifrons*）、*Seriana equata*、*Macrosteles quadrilineatus*、*Elymana virescence*、*Ophiola flavopicta*、*Hyalesthes obsoletus*、*Aphrodes bicinctus*、*Euscelis plebejus*，以持久增殖性传播，一旦获毒终身带毒。

四、防控措施

对于植原体，选用抗病品种和健康种薯是最有效的措施。

1. 使用无病种薯

生产中尽量使用无病种薯是防控植原体最有效的措施。

2. 做好介体昆虫预测预报，及时施用杀虫药剂

在繁种基地，掌握传播介体叶蝉的种群动态、严控种群数量，阻断其传播途径也是一种很好的防控手段。

3. 抓好农业措施

植原体寄主范围广，在田间应及时淘汰病株、铲除杂草。

4. 化学防控

也可利用植原体对四环素类抗生素敏感的特点，使用该类抗生素来防治，能取得一定的减轻或延迟症状的效果，但这种方法并没有在实际生产中得到广泛应用。

主要参考文献

巴合提古丽. 2010. 马铃薯黑胫病的发生及防治. Ruralence&Technology，（5）：40

董学志，胡林双，魏琪，等. 2013. 马铃薯黑胫病菌分离纯化体系的建立. 黑龙江农业科学，（7）：45-48

杜娟，任娟，赵思峰，等. 2010. 新疆马铃薯疮痂病病原的鉴定. 石河子大学学报（自然科学版），28（4）：414-417

范彩霞. 2012. 马铃薯疮痂病防治技术. 农村科技，12：41

何新民，谭冠宁，唐洲萍，等. 2014. 冬作区马铃薯黑胫病防控药剂筛选研究. 农业科技通讯，（2）：63-65

霍燃华. 2015. 马铃薯黑胫病综合防治技术. 农业开发与装备，（11）：117

康蓉，王生荣. 2013. 甘肃马铃薯疮痂病病原初步鉴定. 植物保护，39（3）：78-82

梁远发. 1999. 马铃薯疮痂病的防治. 四川农业科技，（5）：25

刘大群，Anderosn N A，Kinkel L L. 2000. 拮抗链霉菌防治马铃薯疮痂病的大田试验研究（英文）. 植物病理学报，30（3）：237-244

刘大群，赵伟全，杨文香，等. 2006. 中国马铃薯疮痂病菌的鉴定. 中国农业科学，93（2）：313-318

刘霞，冯蕊，杨艳丽，等. 2014. 云南省田间防治马铃薯疮痂病初探. 中国作物学会马铃薯专业委员会马铃薯产业与小康社会建设：5

罗香文. 2007. 青枯病菌的 PCR 检测及辣椒对青枯病菌的抗性研究. 湖南农业大学硕士学位论文

毛彦芝. 2009. 马铃薯黑胫病的症状识别与防治方法. 中国农村小康科技，（7）：64-65

史超，孙希卓. 2012. 马铃薯黑胫病的识别与防治. 吉林蔬菜，（5）：43

吴凤丽. 2012. 马铃薯环腐病与晚疫病的发生症状及防治措施. 现代农业科技，23：56-60

吴金钟. 2008. 土壤中烟草青枯病菌分子检测方法研究. 重庆大学硕士学位论文

奚启新，杜凤英，土凤山，等. 2000. 调节土壤 pH 值和药剂防治马铃薯疮痂病. 马铃薯杂志，14（1）：57-58

张海颖. 2014. 我国北方马铃薯疮痂病菌组成分析与致病菌株分子检测. 河北农业大学硕士学位论文

张海颖，郭风柳，许华民，等. 2014. 河北省张北地区马铃薯疮痂病的病菌鉴定. 江苏农业科学，42（10）：131-134

张立宁. 2014. 冬季深翻地巧治马铃薯疮痂病. 河南科技报，3

赵伟全，刘大群，杨文香，等. 2005. 马铃薯疮痂病菌毒素及其致病性的研究. 植物病理学报，35（4）：317-321

周园. 2014. 马铃薯黑胫病菌全基因组测序及致病基因的分析. 河北农业大学硕士学位论文

Babcock M J, Eckwall E C, Schottel J L. 1993. Production and regulation of potato scab-inducing phytotoxins by Streptomyces scabies. Journal of General Microbiology, 139: 1579-1586

Eckwall E C, Babcock M J, Schottel J L. 1992. Production of the common scab phytotoxin, thaxtomin A, by *Streptomyces scabies*. Phytoapthology, 82: 1153

Emilsson B, Gustafsson N. 1953. Scab resistance in potato cultivars. Acta Agricultura Scandinavica, 3: 33-52

Hooker W J. 1949. Parasitic action of *S. scabies* on roots of seedling. Phytopathology, 39: 442-462

King R, Lawrence C H, Calhoun L A. 1992. Chemistry of phytotoxin associated with *Streptomyces scabies*, the causal organism of potato common scab. Journal of Agricultural and Food Chemistry, 40: 384-387

King R, Lawrence C H, Clark M C. 1991. Correlation of phytotoxin production with pathogenicity of

Streptmyces scabies isolates from scab infected potato tubers. American Potato Journal, 68: 675-680

Liu D, Anderson N A, Kinkel L L. 1995. Biological control of potato scab in the field with antagonistic *Streptomyces scabies* spp. Phytopathology. 85: 827-831

McCreary C W R. 1967. The effect of sulphur application to the soil in the the control of some tuber diseases. Proceedings of the 4 British Insecticide and Fungicide Conference Brighton, 1: 303-308

Neeno Eckwall E C, Kinkel L L, Schottel J L. 2001. Competition and antibiosis in the biological control of potato scab. Canadian Journal of Microbiology, 47: 332-340

第三章 马铃薯病毒病害

马铃薯是极易感染病毒的作物，已报道侵染马铃薯的病毒多达 40 种以上，马铃薯以营养体为繁殖材料，病毒容易传播扩散到子代种薯。引起马铃薯纺锤块茎的类病毒病害通常归入病毒病害。病毒和类病毒侵染马铃薯直接引起产量损失、质量下降，同时通过种苗种薯传播引起种质退化、病害发生严重。

在云南，由病毒引起的马铃薯病害已经成为制约马铃薯产业发展的重要因素之一，病害的严重度与使用脱毒种薯有密切关系，与种植区域也有关系，高海拔冷凉地区，病毒病多出现隐症情况，发生较轻，但如果作为种薯，隐症的种薯调入低海拔温暖地区时，病毒病会发生严重。到 2015 年为止，在云南已经检测到 10 余种侵染为害马铃薯的病毒，一些新型病毒病害上升为重要病害。

一、症状

云南田间调查和检测发现，马铃薯病毒病复合侵染较普遍，在一些地块 2 种及以上病毒复合侵染率达 60% 以上。在田间，马铃薯病毒病症状表现主要有花叶、卷叶、坏死斑及萎蔫、纺锤状块茎等病害类型。

花叶病：植株叶部表现为深绿或浅绿相间，也有的表现为叶片褪绿、黄化等。通常称为马铃薯轻花叶病或重花叶病、印花花叶病等，由侵染马铃薯的多种病毒引起。

卷叶病：叶片卷曲，植株矮化明显。马铃薯卷叶病毒引起最为典型的卷叶病，其他病毒如马铃薯 Y 病毒（PVY）在一些品种上也出现卷叶。

坏死斑及萎蔫病：植株叶片或茎表皮表现为坏死斑点或坏死环斑，植株萎蔫，由番茄斑萎病毒属病毒（*Tospoviruses*）引起。块茎表现为坏死环斑，由马铃薯 Y 病毒 - 坏死株系（PVY-NTN）引起。块茎表现为坏死裂纹，由烟草脆裂病毒引起（图 3-1）。

纺锤状块茎：块茎明显小于正常薯块，细长，有明显的二次生长现象，由马铃薯纺锤块茎类病毒引起。

二、主要病毒及类病毒种类

近年来在中国对马铃薯产业影响比较严重的主要有马铃薯 S 病毒（PVS）、马铃薯卷叶病毒（PLRV）、马铃薯 X 病毒（PVX）、马铃薯 Y 病毒（PVY）、马

图 3-1　马铃薯病毒病症状类型

扫一扫看彩图

铃薯 A 病毒（PVA）、马铃薯 M 病毒（PVM）。通过对云南种苗种薯及大田取样检测，发现 PVS、PLRV、PVX、PVY、PVA 也是云南马铃薯上的主要病毒，而 PVM、马铃薯 H 病毒（PVH）、番茄斑萎病毒及番茄环纹斑点病毒等是近年在云南马铃薯上发生的新病害。马铃薯仿锤块茎类病（PSTVd）由类病毒引起。

1. 马铃薯卷叶病毒病

PLRV 属于黄症病毒科（Luteoviridae）马铃薯卷叶病毒属（*Polero virus*）。病毒

粒体为等二十面体，直径约 26nm，病毒基因组为正义单链（＋ss）RNA，病毒基因组全长 5.9kb。传播介体主要是桃蚜（*Myzus persicae*），蚜虫一旦获毒，将终生带毒传毒，以持久性方式传毒，也能通过嫁接传播，但不能通过汁液传播。初次侵染的植株，典型症状表现为幼嫩叶片卷曲和褪绿，顶叶黄化和萎缩（图 3-1）。PLRV 在马铃薯体内含量低，主要在寄主维管束中聚集。各品种检出率均较高。PLRV 广泛分布于世界各马铃薯产区。在云南 PLRV 是近年检出率达 15% 以上，是第二大的马铃薯病毒病，广泛分布于云南马铃薯产区，即使使用脱毒种薯的地块也经常检出。

2. 马铃薯 Y 病毒病

PVY 是马铃薯 Y 病毒科（Potyviridae）马铃薯 Y 病毒属（*Potyvirus*）的代表种，引起种薯严重退化。病毒粒体呈弯曲线状，长约 730nm，直径 11～13nm，基因组为＋ssRNA，约为 10kb。PVY 主要有三个株系：① PVY^O 株系，即 PVY 普通株系；② PVY^N 株系，即烟草脉坏死株系；③ PVY^C 株系，即条痕花叶株系。我国马铃薯上的 PVY 主要是 PVY^O 及 PVY^N 株系，引起的寄主症状及病毒基因序列均存在差异。马铃薯被 PVY 侵染后，植株表现重花叶及条斑坏死等症状。不同株系引起的症状也有差别：PVY^O 引起叶片枯斑、皱缩和花叶症状；PVY^C 引起茎条斑及坏死症状；PVY^N 引起花叶及一定程度的皱缩及脉缩、卷叶（图 3-2）。40 多种蚜虫可以传播 PVY，传播方式非持久性。带毒种薯是马铃薯上 PVY 的主要初侵染来源。PVY 能感染当前云南主栽品种，高代种薯带毒率较高，在云南马铃薯产区普遍分布。

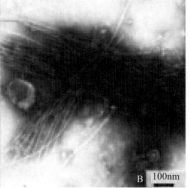

扫一扫看彩图

图 3-2　PVY 侵浸 '合作 88' 引起的花叶及其病毒粒体

A. 病株症状；B. 病毒粒体

3. 马铃薯 A 病毒病

PVA 属于马铃薯 Y 病毒科（Potyviridae）马铃薯 Y 病毒属（*Potyvirus*）。基因组为＋ssRNA 病毒，基因组长约 9.7kb，病毒粒子为弯曲线状，长 650～750nm，直径 11～13nm。根据 PVA 致病力的不同将其分为四个株系，即较温和型、温和型、中度严重型及严重型。马铃薯感染 PVA 后所表现的症状与气候条件关系密切，一般表现无症或花叶（图 3-1）。PVA 可由至少 7 种蚜虫以非持久性传播，同时还可经汁液摩擦接种传毒。

4. 马铃薯 X 病毒病

PVX 属于 α 线状病毒科（Alpha flexiviridae）马铃薯 X 病毒属（*Potexvirus*）。PVX 病毒粒子为弯曲的线状，长约 470～580nm，直径 13nm。病毒基因组为＋ssRNA，基因组长约 6.4kb。对马铃薯造成的产量损失因病毒株系及马铃薯品种不同而异，引起轻花叶症状（图 3-3）。PVX 在田间常与其他病毒形成复合侵染从而加重其危害。PVX 引起的普遍症状为轻度花叶或潜伏性感染，自然条件下病毒主要依靠机械接触进行传播，或昆虫咀嚼传播。在云南，'中甸红'较易感染，'合作 88'、'会 -2' 等品种也能检测到 PVX。

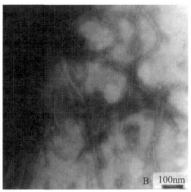

图 3-3　PVX 侵染 '中甸红' 引起的花叶及其病毒粒体　　　　　扫一扫看彩图
A. 病株症状；B. 病毒粒体

5. 马铃薯 S 病毒病

PVS 是香石竹潜隐病毒属（*Carlavirus*）成员。病毒粒体为线状，较刚直，略弯曲，长约 650nm，直径 12nm。PVS 基因组为 ssRNA，长度约为 7.5kb。有两个株系：普通株系 PVS^O（Ordinary strain）和安第斯株系 PVS^A（Andean strain）。普通株系 PVS^O 在昆诺藜和苋色藜上可引起局部坏死斑，安第斯株系 PVS^O 则引起昆诺藜和苋色藜系统斑驳症状。普通株系 PVS^O 在德国、波兰及中欧等地流行比较广，我国河北、福建及浙江也有相关的报道。PVS^A 比 PVS^O 危害严重，二者在蚜传效率上也有所不同，PVS^A 为严格的检疫对象。通过机械接种及蚜虫以非持久性方式传播。PVS 免疫性通常比较强，适合用血清学方法检测。两个株系在云南各主栽品种上都能检测到。PVS 是当前云南省检出率（平均大于 20%）较高的马铃薯病毒，在脱毒种薯、商品薯上都能检测到，在云南广泛分布。

6. 马铃薯 M 病毒病

PVM 属于香石竹潜隐病毒属（*Carlavirus*）。PVM 病毒粒子为弯曲线状，长约 640nm，直径 10nm。基因组为＋ssRNA，长为 8.5kb。PVM 在俄罗斯及东欧分布比较普遍。病毒通过蚜虫以非持久性方式及汁液摩擦传播。寄主感病症状随 PVM 不同株系和品种不同而不同，PVM 在马铃薯上主要表现比较轻微的斑驳、皱缩和花叶症状，有时还表现为枝条发育不良。检出率较低，仅在部分样品中检测到。

7. 马铃薯 H 病毒病

PVH 与 PVS、PVM 同属于香石竹潜隐病毒属（*Carlavirus*），长约 570nm，直径 12nm，基因组为＋ssRNA，长为 8.4kb。在我国内蒙古、辽宁、河北、云南等地均有分布为害。在马铃薯上隐症或引起轻花叶。传播方式没有相关报道。带毒种薯是主要传播方式。在许多品种上都有发生。

8. 番茄斑萎病毒病和番茄环纹斑点病毒病

番茄斑萎病毒（TSWV）和番茄环纹斑点病毒（TZSV）属于布尼亚病毒科（Bunyaviridae）番茄斑萎病毒属（*Tospovirus*）。病毒粒体为球形，直径约 80～100nm，具有双层脂膜组成的包膜，表面有镶嵌在包膜内的糖蛋白突起。TSWV 是目前已知寄主范围最广的植物病毒，已知能侵染从单子叶到双子叶的 70 个科 925 种以上的植物。在云南，TSWV 和 TZSV 主要侵染番茄、烟草、辣椒、马铃薯等重要经济作物和园艺作物，危害严重。病毒基因组为三分体，根据分子量的大小分别命名为 LRNA，MRNA 和 SRNA。传毒蓟马有西花蓟马［*Frankliniella occidentalis*（Pergande）］、棕榈蓟马［*Thrips palmi*（Karny）］、烟蓟马［*Thrips tabaci*（Lindeman）］、花蓟马［*Frankliniella intonsa*（Morgan）］、番茄角蓟马［*Cerato thripoides claratris*（Shumsher）]。该类病害是近年在云南马铃薯上的新型病害，感病后，植株易坏死。在昆明、昭通的马铃薯原原种和原种上检测到 TSWV，随着种薯的调运，有扩散趋势。在昆明田间商品薯样品中检测到 TZSV。

9. 马铃薯纺锤块茎类病

PSTVd 属于马铃薯纺锤块茎类病毒属（*Pospiviriod*），类病毒为环状或线状，大小 356～360nm，寄主范围广，主要通过接触和农事活动传播。植株同时感染 PLRV 时蚜虫也可以传播 PSTVd。PSTVd 强毒株感染的马铃薯叶色浓绿、曲卷，马铃薯的块茎呈现纺锤状，芽眼变浅，芽眼数量增多，造成大量的减产。

三、马铃薯病毒病的流行特点

1. 种薯传播

种薯传播是马铃薯病毒的主要传播方式。一些种薯生产单位，受病毒检测条件限制，对生产的种薯缺乏检测或抽检数量有限，使一些带毒种薯进入生产环节，农户自留种、长期不更换种薯加重种薯带毒。

2. 介体昆虫传播

在云南马铃薯上发生的病毒主要由蚜虫传播，番茄斑萎病毒属病毒由蓟马传播。在秋冬季播种的马铃薯，由于季节干旱、温暖，自然界中蚜虫、蓟马种群大，容易传播扩散。

3. 中间寄主

云南生态类型多样，种植的作物种类也多样化，许多作物是病毒和介体昆虫的共同寄主。在云南马铃薯与烟草经常混作在同一区域，PVY-N 株系能感染马铃薯和烟草。往年种植收获遗落下的、自然生长的马铃薯，带毒率较高，成为下季马铃薯病毒病主要毒源。

4. 品种抗性

目前，云南种植的马铃薯主要品种中，没有对马铃薯病毒有抗性的品种。

四、防控措施

马铃薯病毒病防控关键在于预防。

1. 使用脱毒种薯

目前生产最有效的措施是使用脱毒种薯。

2. 做好昆虫介体预测预报，合理使用杀虫剂及抗病毒剂

传播马铃薯主要病毒的介体为蚜虫，近年新出现侵染马铃薯的番茄斑萎病毒属病毒的介体为蓟马，做好预测预报，在媒介昆虫发生初期施用相应的杀虫剂。施用一些抗病毒剂或植物诱抗剂对防控马铃薯病毒病有具有一定的效果。

3. 抓好农业措施

良好的栽培管理，施足基肥、合理灌水、及时汰除病株减少毒源。

4. 选育抗病品种

选用抗病品种是防控马铃薯病毒成本最低、最有效的措施，就当前检测结果分析，云南目前种植的马铃薯品种对马铃薯病毒没有明显的抗性，即生产上缺乏适合相应的抗病品种，应加强抗病毒品种的选育工作。

因此，在缺乏抗性品种及缺少有效的病毒病防治药剂的情况下，目前最有效的防控马铃薯病毒病害的措施就是使用脱毒马铃薯。在马铃薯生产中，使用优质的脱毒种薯是提高马铃薯产量和质量的重要保障。

主要参考文献

洪健，李德葆，周雪平. 2001. 植物病毒分类图谱. 北京：科学出版社

张丽珍，董家红，郑宽瑜，等. 2015. 云南省马铃薯脱毒试管苗和微型薯病毒检测与分析. 中国马铃薯，（29）：42-45

张仲凯，李毅. 2001. 云南植物病毒. 北京：科学出版社

Dong J H, Cheng X F, Yin Y Y, et al. 2008. Characterization of Tomato Zonate Spot Virus, A New *Tospovirus* Species In China. ArchVirol, (153): 855-864

Fauquet C M, Mayo M A, Maniloff J, et al. 2011. Virus Taxonomy, Ninth Report of the ICTV. SanDiego: Elsevier/Academic Press

Karasev A V, Gray S M. 2013. Continuous and emerging challenges of Potato virus Yin potato. Annu Rev Phytopathol, (51): 571-586

Li Y Y, Zhang R N, Xiang H Y, et al. 2013. Discovery and Characterization of a Novel Carla virus Infecting Potatoes in China. PLoS ONE, (8): e69255. doi: 10. 1371/journal. pone. 0069255

Loebenstein G, Berger P H, Brunt A, et al. 2001. Virus and virus-like diseases of potatoes and production of seed-potatoes. Dordrecht: Kluwer Academic Publishers

Wang B, Ma Y, Zhang Z, et al. 2011. Potato virus in China. Crop Protection, (30): 1117-1123

第四章　马铃薯线虫病害

马铃薯线虫为害带来的经济损失究竟多大，系统研究报道极少见。但可以肯定的是，胞囊线虫、茎线虫、根结线虫、根腐线虫等都能够给马铃薯生产带来严重的影响，造成经济损失。

马铃薯胞囊线虫主要指马铃薯金线虫（*Globodera rostochiensis*）和马铃薯白线虫（*Globodera pallida*），是重要的检疫线虫，是马铃薯上最重要最危险的线虫之一。线虫胞囊很容易传播，并能在土壤中存活多年，在种植马铃薯的情况下，繁殖能力很高，一旦传入，将很快成为马铃薯生产的重要限制因子，世界各马铃薯生产国都严格检疫控制马铃薯胞囊线虫的传播。马铃薯胞囊线虫发生，若缺乏有效的防治措施将会造成严重的产量损失。据估计，在英格兰东部，种植马铃薯前每克土壤有虫卵20粒，每公顷会减产2.5t。如果对土壤进行处理、进行种子消毒等也将耗费大量的人力和经费，这些损失难以估计。马铃薯胞囊线虫在我国未见报道。

为害马铃薯的茎线虫主要是马铃薯腐烂茎线虫（*Ditylenchus destructor*），但在德国和荷兰主要是鳞球茎茎线虫（*Ditylenchus dipsaci*）。马铃薯腐烂茎线虫是重要的检疫线虫，是一种重要的马铃薯有害线虫，在亚美尼亚有10%～20%的马铃薯作物受害，乌克兰、荷兰、爱尔兰和加拿大都有较严重影响的报道。目前，我国对马铃薯腐烂茎线虫危害马铃薯的研究报道相对较少，丁再福和林茂松（1982）及刘先宝等（2006）分别在江苏省和河北省发现马铃薯腐烂茎线虫可为害马铃薯，并进行了形态鉴定；郭全新和简恒（2010）也在河北省发现该线虫为害马铃薯，并进行了形态学结合分子生物学的鉴定；王宏宝等（2013，2014）将甘薯上分离到的马铃薯腐烂茎线虫成功接种马铃薯薯块，并描述了发病症状。2015年李慧霞应用形态学结合分子生物学技术对甘肃马铃薯主产区马铃薯上的病原线虫进行了鉴定和致病性测定，将其鉴定为马铃薯腐烂茎线虫，进一步证实了马铃薯腐烂茎线虫在我国也可以侵染马铃薯。

根结线虫（*Meloidogyne* spp.）、根腐线虫（*Pratylenchus* spp.）等都能够对马铃薯造成危害。根结线虫的为害是明显的，一般认为，根结线虫对马铃薯为害的损失为25%。美国南卡罗来纳州的马铃薯因受到南方根结线虫的危害，每公顷损失达到2500美元。在南非通过土壤处理可使每公顷马铃薯的利润增加124英镑。在荷兰，马铃薯的损失三分之一以上与根部的穿刺短体（根腐）线虫的密度相关。本章主要介绍马铃薯腐烂茎线虫病和根结线虫病。

一、马铃薯腐烂茎线虫病

（一）症状

受害马铃薯表皮初常见斑点状，中部可见到小孔，后呈现圆形或近圆形疮疤，病斑凹陷于薯块表面（图4-1A）。切除病部表皮，病部组织中部有干的白色物，其周围组织变褐、变干，最外周组织变软呈水渍状（图4-1B），内部组织出现糠腐，严重时呈黑褐色，最后整个薯块变成褐色糠心状（图4-1C）。病斑由外及内常呈漏斗状，深约1cm。块茎表皮纸化，易剥离，重量明显变轻（图4-1D、E）。

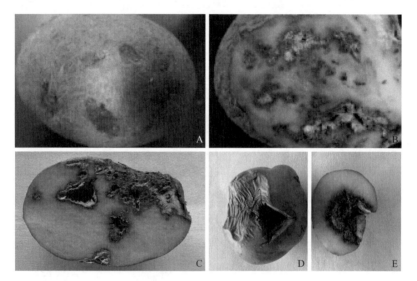

图4-1　马铃薯腐烂茎线虫为害马铃薯的症状（引自郭权新和李慧霞）
A. 外部症状；B. 内部症状；C. 自然发病薯块；D、E. 接种薯块外观及内部
扫一扫看彩图

（二）病原

马铃薯腐烂线虫病病原属线虫门茎线虫属。线虫热杀死后虫体略向腹面弯曲。线虫唇区低平，稍缢缩；口针长10～13μm，基球小而明显、圆形；中食道球卵圆形，有瓣膜；后食道腺从背面略覆盖肠的前端（图4-2A）。尾圆锥状，稍向腹面弯曲。雌虫阴门清晰，稍突起；后阴子宫囊较长，常延伸到肛阴距的3/4处（图4-2B）；雄虫交合刺略向腹面弯曲，基部膨大；交合伞从交合刺前端的水平处向后延伸至尾长的1/3处（图4-2C）。卵长椭圆形（图4-2D）。

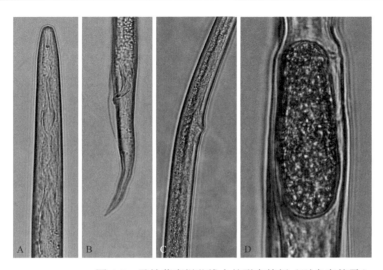

图 4-2　马铃薯腐烂茎线虫的形态特征（引自李慧霞）　　

扫一扫看彩图

A. 马铃薯腐烂茎线虫体前端；B. 雌虫尾部；C. 雄虫尾部；D. 卵

虫体侧区侧线 6 条。

（三）发病规律

　　主要为害马铃薯、甘薯，还为害番茄、南瓜、西葫芦、甜瓜、花生、大豆、辣椒等多种作物。病原线虫主要随着被侵染的块茎、根茎或鳞茎和黏附在这些器官上的土壤进行传播，也可在田间杂草上和真菌性寄主作物上存活，农事操作和灌水也能传播。腐烂茎线虫发育、繁殖的温度为 5～34℃，最适温度 20～27℃。当气温 15～20℃，相对湿度 90%～100% 时，腐烂茎线虫发生为害最重。

（四）防治措施

（1）种薯进行检疫。选用抗病品种和使用健康种薯。

（2）施用净腐熟粪肥，采用配方施肥技术，收获后及时清除病残体，以减少菌源。

（3）进行轮作换茬和深耕，提倡与禾本科、豆科等作物轮作，或水旱轮作。马铃薯收获后进行土壤深耕，阳光暴晒能有效减少土壤中的虫口密度。

（4）药剂防治，播种时进行土壤消毒。可用 10% 苯线磷颗粒剂，每亩穴施 5kg，或选用生物制剂"红土运"随播种进行沟施。

二、马铃薯根结线虫病

（一）发生与分布

马铃薯根结线虫病对马铃薯产量和质量影响很大，是马铃薯的一种重要病害。在美洲、欧洲、非洲和亚洲的多个国家有发生，发生严重的如美国、加拿大、荷兰、俄罗斯和日本等国。其病原根结线虫种类多达 11 种：高粱根结线虫（M. acronea）、埃塞俄比亚根结线虫（M. ethiopica）、纳西根结线虫（M. naasi）、非洲根结线虫（M. africana）和花生根结线虫（M. arenaria）是最常见种，分布各马铃薯种植区。奇氏根结线虫（M. chitwoodi）主要分布于欧洲和北美洲。伪哥伦比亚根结线虫（M. fallax）主要分布于欧洲。北方根结线虫（M. hapla）是常见种，分布于欧洲、北美、非洲、亚洲。南方根结线虫（M. incognita）是常见种，分布于欧洲、北美洲、南美洲、非洲、亚洲。爪哇根结线虫（M. javanica）分布于非洲、亚洲和南美洲。泰晤士根结线虫（M. thamesi）分布于非洲和美洲。其中以常见 4 种根结线虫中的北方根结线虫、南方根结线虫和爪哇根结线虫为优势种。

（二）中国的发生状况

1981 年，张云美在山东省济南发现北方根结线虫为害马铃薯，鉴定命名为中华根结线虫（M. sinensis）；1985 年，陈品三等在山西省繁峙县发现根结线虫为害马铃薯，并于 1990 年将该病原命名为繁峙根结线虫（M. fanshiensis）；1990 年，喻盛甫等报道在云南保山潞江坝的马铃薯上发现根结线虫，被鉴定为花生根结线虫。近 5 年来，在云南的部分马铃薯种植区零星发生根结线虫为害马铃薯的地点增多，有扩展迅速的趋势。国内其他省区市的研究报道极少。中国已经报道的中华根结线虫分布在山东；繁峙根结线虫分布在山西；北方根结线虫分布在山东；花生根结线虫分布在云南；南方根结线虫和爪哇根结线虫分布在云南。

（三）症状

根结线虫为害马铃薯，其地上部的症状不是十分明显，用于判断是否发生了根结线虫病没有价值。是否发生了根结线虫的为害，在马铃薯生长早期可以通过调查线虫虫口密度来判断，但是发生严重地块，地上植株呈浅黄色，似缺氮肥。之后为害加重，被侵染的植株会表现不同程度的矮化，在缺水的情况下可能发生萎蔫，至此时在马铃薯根部会发现大小和形状不同的根结或虫瘿。当线虫密度高并且环境条件有利时，块茎被侵染，在其表面出现瘤状突起（虫瘿）。每个根结的大小，取决于线虫密度和种类、根的大小、温度和其他的环境因素。虫瘿内有白色、梨形的雌虫（图4-3）。

图4-3　马铃薯根结线虫病症状

扫一扫看彩图

（四）病原

云南农业大学线虫研究室胡先奇等人鉴定了在云南曲靖马铃薯产区发生的线虫病害为马铃薯根结线虫，主要有花生根结线虫、爪哇根结线虫、北方根结线虫和南方根结线虫4种根结线虫。优势种群为北方根结线虫和爪哇根结线虫（图4-4）。

（五）发生条件

沙壤土或沙土适于根结线虫生长和发育，温度是影响根结线虫发育最为

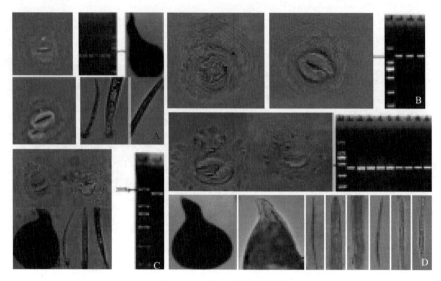

图 4-4　4种主要根结线虫

A. *Meloidoavne arenaria*；B. *M. hapla*；C. *M. javan*；D. *M. incognita*

重要的一个因素，在适宜条件下（20~30℃），完成生活史的时间为24~30d，35℃以上高温和5℃以下低温可抑制卵孵化和2龄幼虫存活，雌虫也不能完全发育。潮湿环境有利于线虫移动，当田间含水量为50%~80%时有助于雌虫产卵，而淹水或过度干燥对根结线虫的生存与活动极为不利。根结线虫的成虫、幼虫对环境的适应能力较差，不耐高温、低温、淹水、干旱等，而未孵化的卵、卵囊中的卵能适应恶劣的环境，在土壤中以休眠状态存活。

（六）防治措施

马铃薯根结线虫病的防治遵循"预防为主，综合防治"的植保方针。

1. 选用抗逆性较强的优良品种

目前，尚未发现能抗根结线虫病的品种，在实际生产中，宜选用抗逆性强、适应性广、品质优良的品种推广种植。

2. 轮作

在根结线虫病发生区，采取与禾本科作物、大葱、大蒜、韭菜等轮作，可以减轻根结线虫的为害。有条件的种植区，可以采取水旱轮作。

3. 浅耕翻晒土壤

根结线虫主要分布在5～20cm耕作层土壤中，根据这一特点通过浅耕翻晒，导致土壤温度上升、水分减少，可以明显减少根结线虫的密度。

4. 改善土壤结构和生物防治

增加土壤有机质，应用商品化的生物杀线虫剂，对根结线虫的为害能达到一定的控制效果。

5. 化学防治

发生严重的种植区，建议选用低毒、高效的化学杀线虫剂。

主要参考文献

丁再福，林茂松. 1982. 甘薯、马铃薯和薄荷上的茎线虫的鉴定. 植物保护学报，9（3）：169-173

郭全新，简恒. 2010. 危害马铃薯的茎线虫分离鉴定. 植物保护，36（3）：117-120

李惠霞，徐鹏刚，李健荣，等. 2016. 甘肃定西地区马铃薯线虫病病原的分离鉴定. 植物保护学报，43（4）：580-587

刘先宝，葛建军，谭志琼，等. 2006. 马铃薯腐烂茎线虫在国内危害马铃薯的首次报道. 植物保护，32（6）：157-158

王宏宝，刘伟中，郭小山，等. 2013. 腐烂茎线虫对马铃薯块茎危害症状及其线虫分布研究. 长江大学学报（自然科学版），10（35）：1-3

王宏宝，赵桂东，李茹，等. 2014. 腐烂茎线虫侵染马铃薯块茎与甘薯块茎危害症状比较. 广西农学报，29（1）：26-28

第五章　马铃薯缺素病害

生理性病害是指在不良环境条件下，植物的代谢作用受到干扰，生理功能受到破坏，最终导致植物在外部形态上表现出症状，没有寄生性和传染性，也不产生繁殖体，因此又称非侵染性病害。引起生理性病害的环境因素较多，主要有营养元素缺乏或过剩所造成的营养缺素症或过剩症，如氮素缺乏引起的失绿，盐碱条件下铁离子不能被正常吸收利用而造成的黄化病；水分失调（干旱或水涝）造成的植物萎蔫、局部组织坏死、畸形等；气候因素如强日光、高温引起的日灼伤，低温造成的冷、霜、冻害等；土壤盐碱伤害；有毒物质毒害如厂矿企业"三废"刺激和农药、化肥、激素使用不当引起的毒害或药害等。其中由营养元素缺乏或过剩所造成的营养缺素症或过剩症在生产中较为常见。

在植物生长发育过程中需要营养元素，各营养元素执行一定的生理功能，当植物长期缺少某种元素时，相应地要在形态结构与生理功能等方面发生反应，表现出症状。在农业生产中，作物会受到土壤肥力等条件制约而出现缺乏营养元素的现象。作物严重缺素时会降低产量和品质，甚至死亡。而作物的许多缺素症状与病害、虫害、药害引起的症状相似，很多人误以为是病虫害，盲目施药，不仅造成不必要的经济损失，还达不到缓解症状的效果。研究作物缺乏营养元素所表现出的症状作为大田生产诊断的依据是很重要的。

马铃薯是一种分布广、适应性强、产量高的经济作物。我国是世界马铃薯生产第一大国，而马铃薯的单产及其品质远不及欧美发达国家的水平。生产上往往为了提高块茎产量和品质，过量投入肥料，反而造成单产下降。忽视某些营养元素的供应，造成植物处于缺素状态，影响植物体内的各种代谢过程，也是产量低品质差的原因之一。本章将重点介绍由各营养元素不合理的供应而引起的马铃薯缺素病害。

马铃薯苗期吸肥量少，发棵期吸肥量迅速增加，到结薯初期达到最高峰，而后吸肥量急剧下降。各生育期吸收氮磷钾三要素，按占总吸收量的百分数计算发芽到出苗期分别为氮6%，磷8%，钾9%；发棵期分别为38%、34%、36%；结薯期为56%、58%、55%。三要素中马铃薯对钾的吸收量最多，其次是氮，磷最少。试验表明，每生产1000kg块茎，需吸收氮（N）5~6kg，磷（P_2O_5）1~3kg，钾（K_2O）12~13kg，氮∶磷∶钾比例为2.5∶1∶5.3。马铃薯对氮磷钾的需要量随茎叶和块茎的不断增长而增加，在块茎形成盛期需肥量约占总需肥量60%，生长初期和末期各需总需肥量20%。

一、缺氮

氮是植物需求量最大的矿质元素。在大多数自然和农业生态系统中，土壤中可利用的氮是限制植物产量的主要因素之一，马铃薯也不例外。植物既可利用土壤中无机态氮即铵态氮（NH_4^+）和硝态氮（NO_3^-），也可吸收尿素等有机态氮。氮是构成蛋白质的主要成分，细胞膜、细胞壁、细胞质和细胞核中均含有蛋白质，细胞内的绝大多数酶本质上也是蛋白质；同时氮还是核酸、核苷酸、辅酶、磷脂、细胞色素及植物激素（生长素、细胞分裂素）和维生素等的组成成分。因此，氮在植物的生命活动中扮演着重要的角色，被称为生命元素。

氮素对于马铃薯产量和品质的形成至关重要。生产中常常氮肥供应过多，不仅增加了生产成本，还导致地上部植株徒长，块茎产量降低，品质下降（薯块过大、晚熟、干物质含量低等）。过量的氮肥则以硝酸盐、氧化亚氮等形式散失到水体和大气中，增加环境污染风险。然而，在低温多雨的年份，特别是缺乏有机质的砂土或酸性过强的土壤中，常常易发生缺氮现象。轻度缺氮影响马铃薯冠层大小和颜色。缺氮初期上部叶片浅绿色，下部叶片发黄或者黄褐色。当缺氮更严重时，基部老叶全部失去叶绿素，以至干枯脱落，只留顶部少许绿色叶片，且叶片很小，整株叶片上卷。与正常植株相比，叶面积、株高等也会降低（图5-1）。因此，缺氮植株的块茎产量通常较低。除此之外，氮素还影响着地上部和块茎生物量的分配、块茎膨大率、块茎成熟度、早疫病的发生等。

二、缺磷

正磷酸盐即 $H_2PO_4^-$ 或 HPO_4^{2-} 是植物吸收磷的主要形式。当磷进入到植物体后，大部分转变为有机物，有一部分仍保持无机物形式。植物细胞液中的无机态磷以磷酸盐的形式构成缓冲体系，可维持细胞的渗透压。核酸、核苷酸、辅酶、磷脂及植酸等生物分子中均含有磷酸根。磷还参与 ATP、FMN、FAD、CoA、NAD^+、$NADP^+$ 等物质的组成，在糖类、脂类和氮代谢过程中也不可缺少。此外，磷对糖类的转运也有明显的促进作用。总之，磷参与植物体内的物质和能量代谢，又参与了光合作用、呼吸作用和物质的运输等一系列重要的生理过程，尤其是在生育后期促进了同化产物向马铃薯块茎中的运输。因此，磷对于马铃薯的正常生长发育和产量构成起着极其重要的作用。

充足的磷素供应，可扩大"源"的供应及同化物的转运能力，使幼苗生长健壮，植株早熟，可提高块茎中干物质和淀粉的积累，促进根系发育，提高抗寒性。但是生产中在各种土壤中往往容易发生缺磷的情况，在南方的酸性土壤

图 5-1　马铃薯植株缺氮症状

扫一扫看彩图

中，有效态的磷易被铝固定形成植物不能利用的磷（Al-P），而北方石灰性土壤中，钙结合态磷（Ca-P）的生成使磷的有效性大大降低。另一方面，在低磷胁迫下马铃薯的吸磷能力较弱，主要归因于较低根冠比和较少的根毛。而马铃薯根毛占根总重的 21%，低于小麦的 60%，而根毛对磷的吸收贡献率高达 90%。缺磷时，蛋白质合成受阻，植株表现为矮小、生长缓慢，株高矮小或细弱僵立，分枝减少，叶片和叶柄均向上竖立，叶片变小而细长，叶缘向上卷曲，叶色暗绿而无光泽；严重缺磷时，植株基部小叶的叶尖首先退绿变褐，并逐渐向全叶发展，最后整个叶片枯萎脱落。症状从基部叶片开始出现，逐渐向植株顶部扩展。缺磷还会使根系和匍匐茎数量减少，根系长度变短，块茎内部发生锈褐色的创痕，创痕随着缺磷程度的加重，分布亦随之扩展，但块茎外表与健薯无显著差异；创痕部分不易煮熟（图5-2）。

图 5-2　马铃薯缺磷症状（部分图片引自 https://www.haifa-group.com/crop-guide/field-crops/crop-guide-potato/nutrients-growing-potatoes）

扫一扫看彩图

三、缺钾

土壤中有 KCl、K_2SO_4 等盐类，它们溶于水后会解离出钾离子，钾离子可通过交换吸附进入植物根中。在植物体内的钾几乎都是离子状态，少部分在细胞质中呈现吸附态。钾主要集中于植物生命活动较为活跃的部位，如生长点、幼叶、形成层等。钾可作为活化剂激活多种酶如丙酮酸激酶、磷酸果糖激酶等的活性，参与植物体内的重要代谢过程。

马铃薯一直被认为是喜钾作物，对马铃薯块茎品质的形成影响较大。适量的钾素供应能显著提高块茎中淀粉、粗蛋白、维生素 C 等的含量，因此钾素被称为"品质元素"。翁定河等报道，马铃薯全株及块茎的 K 素积累呈 Logistic 曲线动态，吸钾盛期在现蕾前 14d 至成熟前 15d，后期块茎新增钾素主要来自叶片的转移。马铃薯产量与施钾量呈抛物线形相关，经济施钾量为 201.6kg/hm²，预期产量为 37424kg/hm²，平均每生产 1000kg 块茎需施钾 5.4kg。除此之外，马铃薯块茎的耐贮性也与钾素息息相关。然而过量施钾易导致干物质含量下降，加工品质下降。尽管植株不会直接表现出中毒症状，但是会影响植株对钙和镁的吸收。

　　相比于北方土壤，南方土壤更易缺钾。不同的土壤类型，缺钾现象也不尽相同，往往种植于轻砂土和泥炭土中植物更易发生钾素的缺乏。钾素不足，植株生长缓慢，甚至完全停顿，节间变短，植株呈丛生状；小叶叶尖萎缩，叶片向下卷曲，叶表粗糙，叶脉下陷，中央及叶缘首先由绿变为暗绿，进而变黄，最后发展至全叶，并呈古铜色；叶片暗绿色是缺钾的典型症状；症状从植株基部叶片开始，逐渐向植株顶部发展，当底层叶片逐渐干枯，而顶部心叶仍呈正常状态。缺钾还会造成匍匐茎缩短，根系发育不良，吸收能力减弱，块茎变小，块茎内呈灰色晕圈，淀粉含量降低，品质差。值得注意的是缺钾症与缺镁症略相似，因此在田间常易混淆，可通过缺钾叶片向下卷曲，而缺镁则叶片向上卷曲的特征来辨别（图 5-3）。

图 5-3　马铃薯缺钾症状（部分图片引自 https://www.haifa-group.com/crop-guide/field-crops/crop-guide-potato/nutrients-growing-potatoes）

扫一扫看彩图

四、缺钙

钙素（Ca）是细胞壁中间层的组分，是一些参与 ATP 和磷脂水解的酶所需辅助因子。植物代谢调节过程中，钙作为第二信使在传递外界环境信息方面起重要作用，其中很多为胁迫信息，包括生物胁迫和非生物胁迫。李合生报道，缺 Ca 时，细胞壁形成受阻，影响细胞分裂，植物生长受抑制，严重时生长点坏死，表现为烂根和地上部分丛生等现象。

相比于氮磷钾，钙在马铃薯的全生育时期中总需求量较少，但是它对于马铃薯的生长发育的作用不容忽视。植物根系可吸收氯化钙等盐类中的 Ca^{2+}。一般情况下土壤不易缺钙，但是当 pH 值小于 4.5 时，石灰应作为钙源补充，同时还可实现中和土壤酸性的目的。缺钙时马铃薯植株生长受到抑制，植株老叶自叶尖黄褐色枯死，顶芽坏死，侧芽生长，植株多分枝，顶部丛枝；或新叶有小叶，叶尖和叶缘呈黑色坏死圈，叶片向主脉方向弯曲；严重时，幼叶延主脉失绿，主脉两侧如洒落面粉状失绿，顶芽坏死，侧芽生长，多分枝。幼嫩分生组织区域（如根尖和幼叶）细胞分裂和细胞壁形成较快，缺钙往往使细胞壁形成受阻，影响细胞分裂，因此分生组织区域易发生坏死。除此之外，缺钙还是畸形薯形成的主要因素之一，块茎常表现为表面凹陷，或出现凸起，块茎内产生类似髓坏死的空心或维管束坏死，形成木栓化表皮。严重缺钙时影响根系生长，根尖溃烂坏死，根冠比增加（图 5-4）。

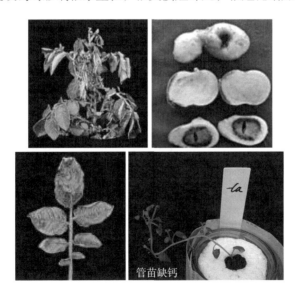

管苗缺钙

图 5-4　马铃薯缺钙症状（部分图片引自 https://www.haifa-group.com/crop-guide/field-crops/crop-guide-potato/nutrients-growing-potatoes）

扫一扫看彩图

五、缺镁

　　植物根系通常吸收离子状态的镁。镁是叶绿素分子环形结构的组成元素，镁离子还作为酶的激活剂特异性地参与呼吸作用、光合作用、DNA 和 RNA 的合成等。作为染色体的组成成分，镁在细胞分裂过程中起到一定的作用。此外，镁还可促进硅的吸收，维生素 A 和维生素 C 的合成，降低块茎中硝酸盐的含量，增强抗逆性。

　　缺镁一般易发生在沙质和酸性土壤中，如若土壤中钾素过多会抑制镁的吸收，也会出现缺镁现象。当土壤中缺镁时，叶绿素的合成受阻，叶片会发生失绿症状。由于镁在植物体内可以循环利用，因此植株基部小叶边缘最先开始由绿变黄，进而叶脉间逐渐失绿黄化，而后植株上部叶片才会出现相似症状。严重缺镁时，叶色由黄变褐，叶肉变厚而脆并向上卷曲，最后病叶枯萎脱落（图 5-5）。

扫一扫看彩图

图 5-5　马铃薯叶片缺镁症状
（图片引自 http://ephytia.inra.fr/en/D/7158）

六、缺硫

　　硫主要以硫酸根的形式被植物吸收。硫存在于胱氨酸、半胱氨酸、甲硫氨酸等氨基酸中，含硫氨基酸几乎是所有蛋白质的组成成分，因此原生质的构成不能缺硫。硫还是代谢中许多酶和维生素（如乙酰辅酶 A、维生素 B、泛酸）的组成元素，与糖、蛋白质、脂类代谢有密切关系。

　　一般情况下土壤中不缺硫，在山区、半山区的黏重土壤中易出现缺硫现象。生产中长期或连续施用不含硫的过磷酸钙或硝酸磷肥，容易导致植株出现缺硫症状。硫和氮都是蛋白质的组成元素，因此缺硫的症状与缺氮类似，马铃薯植株生长缓慢，叶片发黄。然而，与氮不同，硫在植物体内不能移动，因此由缺硫引起的失绿症状首先发生在新叶中，叶片并不提前干枯脱落。当缺硫严重时，叶片会出现褐色斑点（图5-6）。

图 5-6 马铃薯植株缺硫症状（图片引自 http://www.extension.uidaho. edu/nutrient/crop_nutrient/potato.html；https://www.haifa-group.com/crop- guide/field-crops/crop-guide-potato/nutrients-growing-potatoes）

扫一扫看彩图

七、缺锰

锰主要以离子形式被植物吸收。Mn^{2+}是许多酶的激活剂，尤其是三羧酸循环中脱羧酶和脱氢酶活性受其特异性地激活。在光合作用方面，水的光解放氧、叶绿素的合成、维持叶绿体正常结构等均需要锰的参与。它还是超氧化物歧化酶的组分之一，与植物体内超氧阴离子自由基的清除有关。

锰供应充足时，可促进马铃薯出苗，茎秆变粗，植株株高增加，僵苗率、块茎腐烂率和带斑率减少，抗性增强。然而在 pH 较高的石灰性土壤中，代换性锰的临界值为 2～3mg/kg，还原性锰的临界值为 100mg/kg，若低于临界值，就易出现缺锰症，特别是石灰性土壤中经过平整而裸露出来的新土，更容易缺锰。缺锰时，植株易产生失绿症，叶脉间失绿后呈淡绿色或黄色，部分叶片黄化枯死。症状先在新生的小叶上出现，不同品种叶脉间失绿可呈现淡绿色、黄色和红色。严重缺锰时，叶脉间几乎变为白色，并沿叶脉出现很多棕色的小斑点，以后这些小斑点从叶面枯死脱落，使叶面残破不全，有时顶部叶片向上卷曲（图5-7）。

八、缺锌

锌离子是植物吸收锌的主要方式。与锰相似，锌也是植物体内需要酶的激活剂或组分，如超氧化物歧化酶、碳酸酐酶、谷氨酸脱氢酶等。生长素合成的前体——色氨酸的生成也离不开锌的参与，此外锌还与叶绿素、蛋白质和核糖核酸的形成有关。

图 5-7 马铃薯植株缺锰症状

扫一扫看彩图

　　当锌供应充足时，有利于增加叶绿素含量、根系活力及块茎干物质含量、提高品质（淀粉、维生素 C 含量）。范士杰等报道，镁、锌、硼对产量及性状、生长发育具有不同程度的作用和效果，镁的增产效果极显著，增产 20.6%～28.6%。锌、硼增产效果显著，增产 7.5%～24.3%。在沙地、瘠薄山地或土壤冲刷较重田块中，土壤锌盐少且易流失，而石灰性土壤锌盐常转化为难溶状态，不易被植物吸收导致缺锌。土壤过湿，通气不好，降低根吸收锌的能力，过量施用磷肥等均可引发缺锌症。缺锌时会抑制植物体内吲哚乙酸（IAA）的合成，使植株幼叶和茎的生长受阻，产生所谓"小叶病"和"丛叶症"。缺锌时植株生长受抑制，节间短，株型矮缩，顶端叶片直立，叶小丛生，叶面出现灰色至古铜色的不规则斑点，嫩叶失绿上卷，类似早期的卷叶病病毒症状。严重时，叶柄及茎上均出现褐色斑点或斑块，新叶出现黄斑，并逐渐扩展到全株，但顶芽不枯死（图 5-8）。

九、缺硼

　　硼（B）与甘露醇、甘露聚糖、藻酸和细胞壁的其他成分结合，参与细胞

图 5-8　马铃薯植株缺锌症状

扫一扫看彩图

伸长和核酸代谢，其在能量贮存和保持结构完整中起着重要作用，硼主要与植物生殖有关，如果缺乏导致"花而不实"，还能引起绿原酸等酚类化合物含量过高，使顶芽坏死，失去顶端优势。

硼酸是植物吸收硼的主要形式。当硼过量供应时易产生毒害，造成叶缘呈棕色。一般贫瘠的砂质土壤容易缺硼。硼素缺乏时，植株生长缓慢，叶片变黄而薄，并下垂，茎秆基部有褐色斑点出现，根尖顶端萎缩，侧根增多，影响根系向土壤深层发展，抗旱能力下降。近匍匐茎端处薯皮变褐或产生裂缝，或者局部维管束变褐，形成的伤口为"疮痂病"发生提供了通道（图 5-9）。

十、缺铁

铁主要以二价铁的螯合物形式被植物吸收。铁作为酶的重要组成成分，在电子转移过程中铁发生了 Fe^{2+} 到 Fe^{3+} 的可逆氧化。植物体内的光合作用、呼吸作用、叶绿素合成等均需要铁的参与，此外铁还是固氮酶的组成成分，参与生物固氮过程。一般土壤中不缺铁，但是铁的有效性受到较多因素的影响。因此马铃薯植株会因根系不能吸收难溶性的铁而表现出缺铁症状。同缺镁一样，典型的缺铁症状是叶脉间失绿。但是与缺镁不同，由于铁是植物体内不易移动的

图 5-9　马铃薯植株缺硼症状

元素，症状首先表现在嫩叶上。在长期缺铁的情况下，叶脉也会失绿，整个叶片变白，叶缘向上卷曲（图 5-10）。

十一、缺铜

铜（Cu）是与氧化还原反应有关的营养元素之一，是细胞色素氧化酶、漆酶、质体蓝素等的组成成分。铜在作物的光合作用、叶绿素合成及抗逆性的提高方面起着非常重要的作用，且与马铃薯的产量和品质密切相关。白嵩报道，采用适宜浓度的铜溶液处理种薯，可以提高马铃薯块茎的产量（10.32%～24.68%）。铜不但能够增加马铃薯叶片光合色素含量和比叶重，而且能提高叶片中硝酸还原

图 5-10　马铃薯植株缺铁症状（部分图片引自　　　　扫一扫看彩图
http://www.extension.uidaho.edu/nutrient/crop_nutrient/potato.html）

酶的活性与某些物质（可溶性糖和可溶性蛋白质）的含量。

　　铜缺失时，植株有一定生长，新生叶失绿，叶尖卷曲，部分叶片呈现水渍状褐色斑；有些品种表现整株叶片有小叶并且有两对小叶，从下部叶片开始叶片自叶尖枯黄，主茎有黄褐色条纹，新叶下垂（图 5-11）。

图 5-11　马铃薯缺铜症状

扫一扫看彩图

十二、缺钼

钼（Mo）是与植物氧化还原反应有关的营养元素之一，是固氮酶、硝酸还原酶等的组分。李军报道，B、Mo 营养与马铃薯鲜薯产量及活性氧代谢有密切的关系，B、Mo 营养具有明显的互作效应，当 B 浓度固定时，随着 Mo 浓度的提高，过氧化氢酶（CAT）活性与抗坏血酸（ASA）含量也随之提高；当 Mo 浓度固定时，随着 B 浓度的提高，CAT 活性与 ASA 含量也随之提高。适宜的B、Mo 配施可提高超氧化物歧化酶（SOD）、过氧化物酶（POD）、硝酸还原酶（NR）的活性，降低丙二醛（MDA）含量与自动氧化速率，抑制膜脂过氧化作用，提高鲜薯产量。马铃薯鲜薯的生产能力与细胞保护酶（SOD、POD、NR、CAT）活性呈极显著的正相关，与 MDA 含量呈显著的负相关。刘效瑞等报道，在试验区农田生态条件下，马铃薯基施硼酸钠、钼酸铵均有显著增产增收效果，其中亩施硼酸钠 1000g 的处理最为显著，且对单株结薯数、块茎重、商品率的正效应最大；施用硫酸锰可提高淀粉含量。

Mo 缺失时，马铃薯植株生长均不正常，植株自下部叶片开始叶尖或叶缘变黄，从老叶开始，叶片褪绿，卷曲；新叶自叶尖、叶缘失绿，下垂，叶片有小叶，部分叶畸形（图 5-12）。

扫一扫看彩图

图 5-12　马铃薯试管苗缺钼症状

十三、缺钴

在植物体内，有些矿质元素并不是植物所必需的，但它们对某些植物的生长发育能产生有利的影响，这些元素称为有益元素或有利元素，钴（Co）是其中之一，在植物体内的含量（或需求量）很小（0.02～0.5mg/kg 鲜重），稍多即会发生毒害。钴对许多植物的生长发育有重要调节作用，其是维生素 B12 的成分，对共生固氮细菌是必要的，还是黄素激酶、葡糖磷酸变位酶、异柠檬酸脱氢酶等多种酶的活化剂。

Co 缺失时，马铃薯品种'大西洋'植株自下部叶片开始叶尖或叶缘变黄，叶片边缘出现水渍状灰色斑，严重时整片叶皱缩；'滇薯 6 号'整株叶片有小叶并且有两对小叶，从下部叶片开始叶片自叶尖枯黄，主茎有黄褐色条纹，新叶下垂，与缺锌处理症状相似，但是植株生长没有受阻（图 5-13）。

图 5-13　马铃薯品种'大西洋'试管苗缺钴症状

扫一扫看彩图

十四、缺氯

在植物中氯元素主要以离子（Cl⁻）形式存在。与锰相同，氯参与了光合作用中水的光解放氧。气孔的开闭过程也和氯离子相关。在根和叶中的细胞分裂也需要氯。氯是马铃薯生长发育过程中必需元素之一。一般认为马铃薯是忌氯作物，但是有研究发现土壤中氯水平高于 450mg/kg 时才会对马铃薯的产量和品质造成不利影响。一般情况下植物生长缺氯现象很少见。

主要参考文献

白嵩，吕芳芝，白宝璋，等. 1996. 铜对马铃薯块茎产量与生理生化特性的影响. 植物学通报，1: 59-60

陈家吉，戴清堂，田恒林，等. 2013. 马铃薯脱毒水培苗生长营养液配方筛选试验研究. 现代农业科技，（7）: 76

陈永波，赵清华，袁明山，等. 2005. 微量元素缺乏与过量对脱毒马铃薯苗生长的影响. 中

国马铃薯, 19 (1): 10-12

陈永兴. 2006. 马铃薯缺素症状诊断和防治方法. 中国蔬菜, (8): 53-55

樊明寿. 2019. 马铃薯矿质营养生理及养分管理. 北京: 中国农业出版社

范士杰, 雷尊国, 吴文平. 2008. 镁、锌、硼元素对马铃薯费乌瑞它产量的影响. 种子, 27 (10): 104-105

冯琰, 蒙美莲, 马恢, 等. 2008. 马铃薯不同品种氮、磷、钾与硫素吸收规律的研究. 中国马铃薯, 22 (4): 205-209

李合生. 2006. 现代植物生理学. 2 版. 北京: 高等教育出版社

李军, 李祥东, 张殿军. 2002. 硼钼营养对马铃薯鲜薯产量及活性氧代谢的影响. 中国马铃薯, (01): 10-13

鲁剑巍. 2010. 马铃薯常见缺素症状图谱及矫正技术. 北京: 中国农业出版社

马振勇, 杜虎林, 刘荣国, 等. 2017. 施锌肥对马铃薯干物质积累, 生理特性及块茎营养品质的影响. 干旱区资源与环境, 31 (1): 148-153

宋志荣. 2005. 施锰对马铃薯产量和品质的影响. 中国农业学报, 21 (3): 222-223

苏荣森. 2011. 缺素在马铃薯上的试验效果分析. 新农村 (黑龙江), (5): 55

翁定河, 李小萍, 王海勤, 等. 2010. 马铃薯钾素吸收积累与施用技术. 福建农业学报, 25 (3): 319-324

Foshe D, Claassen N, Jungd A. 1991. Phosphorus efficiency in plants Ⅱ. Significance of root radius, root hairs and cation balance for phosphorus influx in seven plant species. Plant and soil, 132: 261

Goffart J P, Olivier M, Frankinet M. 2008. Potato crop nitrogen status assessment to improve N fertilization management and efficiency: past—present—future. Potato Research, 51 (3-4): 355-383

Licoln Taiz. 2015. 植物生理学. 5 版. 宋纯鹏, 王学路, 周云等译. 北京: 科学出版社

Ojala J C, Stark J C, Kleinkopf G E. 1990. Influence of irrigation and nitrogen management on potato yield and quality. American Potato Journal, 67 (1): 29-43

Yamaguchi J. 2002. Measurement of root diameter in field-grown crops under a microscope without washing. Soil science and plant nutrition, 48 (4): 625-629